"十四五"职业教育国家规划教材

盘发造型

（第二版）

主编　陈丽红

中国教育出版传媒集团

高等教育出版社·北京

内容简介

本书为"十四五"职业教育国家规划教材,依据《中等职业学校美发与形象设计专业教学标准》,在首届全国优秀教材建设奖获奖教材《盘发造型》基础上修订而成。

本书分四个模块十个项目,盘发造型基础模块介绍了发夹的使用、部分局部基础发基的种类分区及流向、梳理逆梳技巧。传统盘发造型技术模块介绍了盘包、波纹。现代盘发造型技术模块介绍了扭编、线、片、卷。盘发造型设计模块介绍了造型设计要素与应用。书后附有盘发造型行为规范和盘发造型作品欣赏。

本书以传承中华传统文化,坚定文化自信为指导思想,对盘发这一古老而又时尚的技艺进行了全新诠释。全书体例活泼,图片清晰,既适应时代的发展,又符合中职学生的认知能力。

本书配有二维码资源,介绍编写团队、操作要点(视频)和优秀盘发造型作品,学生可通过扫描相应二维码获取。本书配有Abook数字化教学资源,具体使用方法参见书后"郑重声明"。

本书可作为中等职业学校美发与形象设计、美容美体艺术专业学生用书,也可作为相关行业岗位培训用书。

图书在版编目(CIP)数据

盘发造型 / 陈丽红主编 . -- 2 版 . -- 北京:高等教育出版社, 2022.1(2023.9 重印)
ISBN 978-7-04-057207-0

Ⅰ.①盘… Ⅱ.①陈… Ⅲ.①发型 - 造型设计 - 中等专业学校 - 教材 Ⅳ.① TS974.21

中国版本图书馆 CIP 数据核字 (2021) 第 216232 号

盘发造型（第二版）
Panfa Zaoxing

策划编辑	刘惠军	责任编辑	刘惠军	特约编辑	刘惠军	封面设计	王	洋
版式设计	徐艳妮	插图绘制	黄云燕	责任校对	胡美萍	责任印制	韩	刚

出版发行	高等教育出版社	网　址	http://www.hep.edu.cn
社　　址	北京市西城区德外大街 4 号		http://www.hep.com.cn
邮政编码	100120	网上订购	http://www.hepmall.com.cn
印　　刷	运河(唐山)印务有限公司		http://www.hepmall.com
开　　本	889mm × 1194mm 1/16		http://www.hepmall.cn
印　　张	11	版　次	2017 年 7 月第 1 版
字　　数	180 千字		2022 年 1 月第 2 版
购书热线	010-58581118	印　次	2023 年 9 月第 5 次印刷
咨询电话	400-810-0598	定　价	39.80 元

第二版前言

本书是"十四五"职业教育国家规划教材，原版教材获全国优秀教材二等奖。

本书是中等职业教育美发与形象设计专业教学用书，依据《中等职业学校美发与形象设计专业教学标准》，在首届全国教材建设奖获奖教材《盘发造型》基础上修订而成。

盘发造型源于生活和礼仪要求，是展示个性美的重要途径之一，也是发廊及发型工作室主要的服务项目，更是美发师、造型师必须具备的专业技能。盘发被广泛地应用于影楼、影视剧中的人物造型，同时作为主要参赛项目经常出现在国内外美容美发化妆大赛中，对传承中华传统文化，坚定文化自信起着重要作用。

本书修订过程中，我们在专业教师、专业造型师及国际大赛获奖者的指导和帮助下，结合中职美容美发与形象设计专业学生的学习特点，依据市场应用及大赛要求标准，以设计元素拆分为起点，并根据操作的难易程度，把学生上岗前所需要掌握的职业道德、专业基础知识和专业技能，由浅至深、由简至繁分解到四个模块中进行编写；在专业知识和职业能力要求的基础上，结合盘发分解图例配以步骤图解，逐一阐述。在实训过程中加入必要的理论知识，鼓励学生在学习的过程中独立完成自己设计的发型，让学生从简单的复制模仿逐渐形成自主创作的能力。

本书坚持立德树人，发展素质教育。不仅仅介绍专业知识和技术，也潜移默化地引导学生能够进行创造性思考和实践。并提高道德水准、文明素养，关爱他人，努力培养素质优良的人才队伍，努力培养造就更多技能大师。

本书修订反映当代社会进步、科技发展、专业发展前沿和行业企业的新技术、新工艺和新规范，吸收了行业企业技术人才参与编写，很好地体现了产教融合，校企合作。

本次修订新增盘发造型设计模块，将原书模块二项目五设计要素与应用归入此模块，突出造型设计的重要性。激发学生自我创造能力、自我设计能力和自由组合能力。

本书修订顺应行业发展需求，新增I、C、S线的局部发丝流的发基、填充物、葫芦卷、卧卷内容。同时，增加视频二维码，由主编陈丽红、同时也是世界技能大赛一等奖获得者示范，副主编岳汉桥拍摄，便于学生对盘发技能的进一步掌握。

依据本书，教师可在教学中对盘发范例先进行拆分，依序分解点、线、面、分区、基座，再融入现代美学及空间结构重新组合各个细节。在实际教学中，可以注重以下几点。

（1）激励学生对盘发造型设计的兴趣，激励学生爱岗敬业精神。组织学生经常观看国内外大赛视频，学习行业优秀人才先进事例，学习盘发设计优秀作品的设计与制作方法。

（2）培养学生成为美发优秀人才所应具备的品质及责任，培养学生良好的心性、端正的态度、诚实守信、具有团队精神。

（3）培养学生通过学习提高发现美、欣赏美、创造美的能力和眼光。

（4）注重学习的过程性评价，包括练习中的评价、学生互评、教师点评，尤其要注重企业评定。

（5）本书既是教材，也是练习册，可让学生填写完善相关图表内容，巩固学习成果。

本书的主编为陈丽红，副主编为岳汉桥、张瀛水、毛晓青、周放；刘晓军、吕闯、陈兆福、李秋玲参与了本书的编写，河北省唐山市丰南区职业技术教育中心吕爽提供了本书的ABOOK数字化教学资源，岳汉桥、范业韬为本书提供了相关照片。

由于时间紧迫，加上编者水平有限，书中可能有一些不妥之处，恳请各校师生给予批评指正，以便今后修订时改正，读者意见反馈邮箱：zz_dzyj@pub.hep.cn。

编写团队简介

编者

第一版前言

本书是"十二五"职业教育国家规划立项教材，是中等职业教育美发与形象设计专业教学用书，依据《中等职业学校美发与形象设计专业教学标准》编写而成。

盘发是美发造型的重要手段，是展示个性美的重要途径之一，也是发廊及发型工作室主要的服务项目，更是美发师、造型师必须具备的专业技能。盘发被广泛地应用于影楼、影视剧中的人物造型，同时作为主要参赛项目经常出现在国内外美容美发化妆大赛中。

在本书编写过程中，我们摒弃了传统盘发教材中单一案例模仿的编写方式，在专业教师、专业造型师及国际大赛获奖者的指导和帮助下，结合中职美容美发与形象设计专业学生的学习特点，依据市场应用及大赛要求标准，以设计元素拆分为起点，并根据操作的难易程度，把学生上岗前所需要掌握的职业道德、专业基础知识和专业技能，由浅至深、由简至繁分解到三个模块中进行编写；在专业知识和职业能力的要求上，结合盘发分解图例配以步骤图解，逐一阐述。在实训过程中加入必要的理论知识，鼓励学生在学习的过程中独立完成自己设计的发型，让学生从简单的复制模仿逐渐形成自主创作的能力。

传统盘发造型教学中教师大多更注重学生对范例造型的模仿、复制，以及夯实梳理编盘等的基本功。我们希望通过本书帮助教师创新课堂教学，从传统盘发教学提高到解构式盘发教学，激发学生自我创造能力、自我设计能力和自由组合能力。

依据本书，教师可在教学中对盘发范例先进行拆分，依序分解点、线、面、分区、基座，再融入现代美学及空间结构重新组合各个细节。在实际教学中，可以注意以下几点：

（1）鼓励学生每天反复练习直到能按照要求完美达标。

（2）鼓励学生积极提问，引导学生自由尝试不同元素的组合。

（3）鼓励学生注重知识的积累与对相关知识的收集能力。如通过网上查阅、订阅专业杂志、赏析历届大赛获奖作品、咨询专业人士等多种渠道不断丰富自己的专业知识和眼界。

（4）使用本书时可保持开放的心态，根据学生实际领悟能力安排练习任务和练习频次，以使学生能独立完成创意设计，同时操作技术达到岗位用工标准。

本书的主编为陈丽红，副主编为张瀛水、岳汉桥、毛晓青、周放；刘晓军、吕闯、陈兆福、李秋玲参与了本书的编写，岳汉桥、范业韬为本书提供了相关照片。

由于时间紧迫，加上编者水平有限，书中可能有一些不妥之处，恳请各校师生给予批评指正，以便今后修订时改正（读者意见反馈邮箱：zz_dzyj@pub.hep.cn）。

编者

2016年12月

目 录

绪　言

爱美之心，人皆有之。美发造型常被人认为仅是梳理头发。但实际上，美发造型是一门综合性学科，它与生理学、几何学、化学、物理学、美学、心理学等都相关。这些自然科学与社会科学知识对于探讨美发造型理论、技能、技巧，提高技术水平，有着重要的指导意义。

同学们踏进中职校园，就要向成为优秀的发型师方向努力。然而成为优秀的发型师需要达到哪些要求呢？

首先，优秀的发型师，要用积极的心态去面对自己的人生，培养良好的职业道德，培养自己的审美能力，锻炼自己的专业技能。

发型师在自己的岗位上要忠于职守，钻研业务，尽心尽力完成工作任务，这是热爱本职工作，有事业心和责任感的良好职业道德的具体表现。要达到上述要求，必须做到：

（1）爱国守法，维护权益，遵守行业规范。

（2）明确岗位职责，了解岗位职责的基本要求。

（3）加强责任感，自觉、高质量地完成工作任务，不玩忽职守。

（4）处理好局部和整体的关系，明确任何岗位都是整体工作中的一个环节，主动协调与其他岗位的关系。

（5）操作规范，爱护仪器设备。

（6）坚持原则，不以权谋私。

与传统理发师不同的是，发型师必须掌握设计元素，要有一定的审美观。能综合判断顾客的脸型，通过设计的发型来展现顾客的优点和修饰顾客的缺点。同学们应在平时多加积累，通过网上查阅订阅专业杂志、赏析历届大赛获奖作品、咨询专业人士等多种渠道不断丰富自己的专业知识，开阔眼界。优秀的技术是在反反复复的练习的基础上，经过开拓创新得到的，只有通过不断练习才能夯实基本功。

其次，要形成自己良好的职业形象。作为专业人士，不论是仪容仪态还是言谈举止都有一定的要求。发型师的职业是对美的维护和创造，其仪容仪表应和职业形象相呼应。仪容反映着一个人的精神面貌和工作态度，影响着他人对自己的印象和看法。清洁卫生、自然协调是讲究仪容的基本要求。细节之处显精神，举止访谈见文化。优良的仪态礼仪往往比语言更让人感到真实、生动。良好的仪态不是天生俱来的，需要经过后天的训练和持之以恒的坚持，才能达到"站如松、坐如钟、行如风"。在与人交流时，要注意礼貌，态度要诚恳、亲切，声音大小要适宜，语调要平和沉稳，多用文明用语。一个人的外在行为举止可直接表明他的态度。要彬彬有礼、落落大方、遵守礼节，避免出现以下各种不礼貌、不文明的行为：

（1）神态紧张，口齿不清。

（2）小动作不断，如两脚来回抖、东张西望、哈欠连天。

（3）夹带不良口头语，说话时唾沫四溅。

（4）介绍产品时夸夸其谈，忘乎所以。

（5）谈论顾客生理缺陷。

要掌握一定的服务技巧。发型师在服务中应能做到以下几点：

（1）能与顾客进行项目服务前的沟通。

（2）能询问顾客需求，并给出相应介绍。

（3）能根据顾客外在条件和性格特征为顾客设计合适的发型。

（4）能询问顾客发质健康状况，了解有无过敏等症状。

（5）能为顾客介绍常用洗、护、烫、染、漂、固发等产品的功能及特点。

（6）能完成所设计的发型。

千里之行，始于足下，同学们，让我们从现在开始，不断磨砺自己，成就美好的未来。

模块一
盘发造型基础

项目一　发夹的使用

知识目标

◎ 了解各种盘发工具及其在盘发造型中的作用。

◎ 了解分区在盘发造型中的作用。

◎ 掌握逆梳的方法，知道不同的逆梳方法在发片造型中产生不同的效果。

◎ 了解各种点在头部的准确位置，知道点在分区操作中的重要性。

能力目标

◎ 掌握各种工具的使用方法。

◎ 掌握基本分区的方法。

◎ 掌握基本分区下发夹的使用方法。

◎ 掌握逆梳技巧。

素质目标

◎ 手指与手腕配合协调性好。

◎ 追求"先心想、后手到"。

◎ 操作过程中姿态正确。

知识准备

一、常用工具及其使用

1. 电器工具（图1-1）

（1）电吹风：功率为1 300～1 800 W。

（2）胶枪和胶条：用于假发片及饰品制作。

（3）电热卷棒夹：用于夹卷曲头发。

2. 剪刀（图1-2）

（1）普通剪刀：用于修剪层次、轮廓。

（2）牙剪：用于调整发量。

（1）

（2）

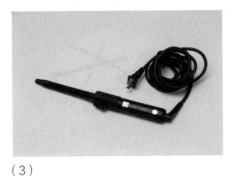
（3）

▲ 图1-1　电器工具

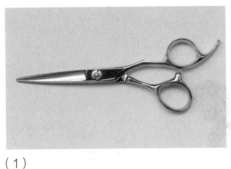
（1）

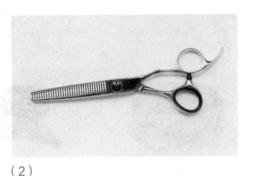
（2）

▲ 图1-2　剪刀

3. 夹子、梳子及其他辅助工具（图1-3）

（1）发夹（小钢夹）：用于梳理好的发片，使它们服帖固定。

（2）U形夹：起到固定发片的作用。

（3）尖尾梳：用来梳发和分区。

（4）鸭嘴夹：用于固定头发（分区发束）。

（5）无痕夹：使用无痕夹固定头发后，发丝表面没有压痕。

（6）小铝夹：用于小面积局部（根部）固定发片。

（7）手带：戴在手腕上，用于摆放各种夹子，方便拿取。

（8）填充物：使头发造型效果蓬松、饱满。

（9）橡皮筋：将头发固定成束状。

（10）羊毛假发片：用于根据不同设计要求制作出各种假发片造型。

（11）锡纸：将要染发的头发包起来，起到隔离的作用。

4. 梳子（图1-4）

（1）板梳：一般用于梳顺和吹直长发。

（2）排骨梳：用于梳通头发和吹短发，使用后能使发根干燥蓬松。

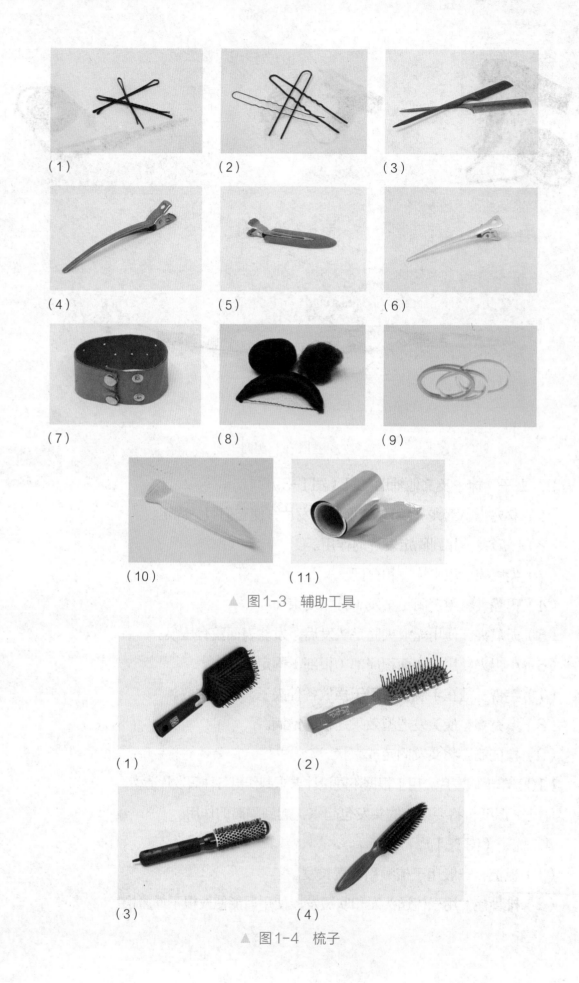

（1）　　　　　　（2）　　　　　　（3）

（4）　　　　　　（5）　　　　　　（6）

（7）　　　　　　（8）　　　　　　（9）

（10）　　　　　　（11）

▲ 图1-3　辅助工具

（1）　　　　　　（2）

（3）　　　　　　（4）

▲ 图1-4　梳子

　　　　　　　盘发造型

（3）滚梳：将头发吹成圆弧状的工具。配合使用风筒吹风，头发可形成C形、J形、S形纹理。

（4）包发梳：在盘发造型时，能更好地将表面发丝梳理光滑通顺。

5．染碗、染刷（图1-5）

用于盛放染膏和涂抹染膏。

▲ 图1-5　染碗与染刷

6．化学用品（图1-6）

（1）健发霜：在吹风造型前涂抹，能在吹风造型的过程中保护头发，使发丝柔顺、有光泽。

（2）半永久染膏：可以给头发染上亮丽的色彩。

（3）定型喷发胶和发油：定型喷发胶能让发型保持持久，发油能让头发更加有光泽。

（1）

（2）

（3）

▲ 图1-6　化学用品

二、点及分区

1．点（图1-7）

（1）中心点：鼻尖与两眼中心点向上连线（中心线）与发际的交汇点，也是区分头部是否偏离（放射对称）之点。

（2）顶点：中心线向上延至头顶最突出的一点。

（3）枕骨点：脑后部最凸出的部位。

（4）黄金点：顶点与枕骨点连线的中点。

（5）颈背点：位于后颈部正中的部位。

（6）颈侧点：位于发际线后颈部位，左右各有一个。

（7）耳后点：位于耳正后方的点，左右各一。

（8）耳上点：位于发际线耳朵最顶端处，左右各一。

（9）鬓角点：位于发际线鬓角最下端处，左右各一。

（10）侧角点：位于发际线侧发际最向前突出处，左右各一。

（11）前侧点：位于前发际线与侧发际线的交叉处，左右各一。

（12）转角点：头部侧发区最突出的点。

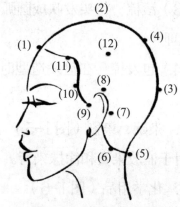

▲ 图1-7 盘发造型常用点

2. 分区（图1-8）

（1）前额区：在造型的过程中起到修饰脸型长短的作用。

（2）颅顶区：在造型的过程中使得发型蓬松，起到调整发型高度的作用。

（3）侧部区：在造型的过程中使得发型有动感。

（4）颞部区：在造型的过程中起到修饰脸型宽窄的作用。

（5）枕骨区：在造型的过程中起到控制发丝视觉重量的作用。

（6）颈背区：在造型的过程中起到修饰后颈部的作用。

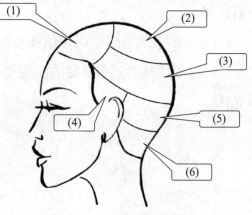

▲ 图1-8 盘发造型常用分区

任务一　水平式摆放（水平下发夹）

任务描述

了解打开发夹的方法；掌握下水平夹的角度；能控制发夹方向，牢固地将发片固定在发基上。

用具准备

尖尾梳、皮筋、发夹。

实训场地

美发实训室。

技能要求

掌握水平式摆放的手法。

在盘发造型中，一般使用水平式摆放的方法固定发量多的发片造型，从而使造型更服贴、牢固。

发夹水平式摆放（图1-9）。

（1）将顶区头发扎马尾，发片内卷成环状发卷（环卷），左手固定。

（2）右手食指指尖将发夹打开。

操作技巧：左手手指固定发片。右手大拇指、中指和无名指拿住发夹根部，并用食指指尖把发夹打开。

（3）用发夹将环卷一侧固定在发基上。

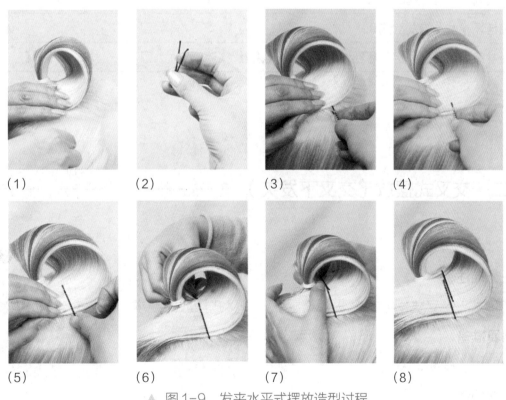

（1）　　　　　　　（2）　　　　　　　（3）　　　　　　　（4）

（5）　　　　　　　（6）　　　　　　　（7）　　　　　　　（8）

▲ 图1-9　发夹水平式摆放造型过程

（4）将发夹贴着头皮向前推进。

操作技巧：发夹下面要深入发基的头发，发夹与环卷发丝走向成十字。

（5）用大拇指推发夹，将环卷发片固定。

（6）环卷另一侧用同样的方法下发夹。

操作技巧：两发夹尖相对。

（7）用发夹贴着头皮将环卷发片固定在发基上。

（8）固定好后的两根发夹成平行状态。

操作技巧：两发夹平行，分别将环卷左右两侧固定锁住。

任务评价（表1-1）

表1-1　水平式摆放（水平下发夹）任务评价表

项　目	评　价	
	是	否
单手打开发夹	☐	☐
发夹与发基发丝流向成水平	☐	☐
用发夹固定贴近发基的发片	☐	☐
发夹与环卷发片的发丝成90°	☐	☐
两根发夹平行摆放固定在环卷发片两侧，锁定发丝	☐	☐

任务二　交叉式摆放（交叉下发夹）

任务描述

了解发夹交叉式摆放的方法；掌握发夹交叉式摆放的要求。

用具准备

尖尾梳、皮筋、发夹。

实训场地

美发实训室。

技能要求

掌握交叉下发夹的操作手法。

在盘发造型中，当发量多或制作发基固定时，一般使用交叉式摆放方法，以有效控制发丝，使造型更扎实、牢固。

发夹交叉式摆放（图1-10）。

（1）用左手夹住发片，向下轻按，保持发片贴近发基部位。

（2）右手食指把发夹打开。

操作技巧：用食指打开发夹。

（3）发夹下面插进发基。

（4）推进发夹，夹住发片。

操作技巧：下发夹时，发夹要将发基的头发与发片同时夹住。

（5）固定后的发夹略倾斜。

（6）发片另一侧用同样的方法下发夹。

操作技巧：发夹贴着发基下的发丝下发夹。

（7）推进发夹。

（8）与上一根发夹交叉。

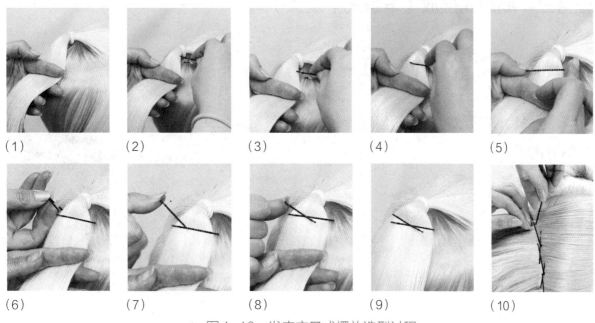

（1）　　　　（2）　　　　（3）　　　　（4）　　　　（5）

（6）　　　　（7）　　　　（8）　　　　（9）　　　　（10）

▲ 图1-10　发夹交叉式摆放造型过程

操作技巧：两根发夹的交叉点在发片中心。

（9）完成后两根发夹相互交叉。

（10）固定发基时使用交叉下夹方法更牢固（根据设计，也可水平下发夹）。

操作技巧：锁住两侧头发，使发片更牢固。

任务评价（表1-2）

表1-2　交叉式摆放（交叉下发夹）任务评价表

项　目	评　价	
	是	否
用食指打开发夹	□	□
贴着发基下发夹	□	□
将贴着发基的发片用发夹固定	□	□
发夹与发片的发丝成倾斜状	□	□
两根发夹交叉并在发片两侧固定	□	□

任务三　编织式摆放（编织式下发夹）

任务描述

了解编织式摆放方法；知道在什么情况下使用编织式摆放；了解编织式摆放的优点。

用具准备

尖尾梳、皮筋、U形夹。

实训场地

美发实训室。

技能要求

掌握编织式摆放的制作手法。

编织式摆放也叫缝针式摆放。用U形夹上下挑起发片并将其固定，用于固定、隐藏、调整发片。

发夹编织式摆放（图1-11）。

（1）左手食指和中指控制发片，右手拿U形夹。

（2）在发片贴近发基部位下夹。

操作技巧：用U形夹一侧一上一下挑起发片发丝，另一侧插入下面发基处。

（3）U形夹一上一下挑起发片发丝。

（4）用手推U形夹直至发片尾端部位。

操作技巧：U形夹的插入方向是发片尾端。

（5）把U形夹全部插入。

（6）完成后的效果。

操作技巧：固定后发夹表面显露少，不破坏造型效果。

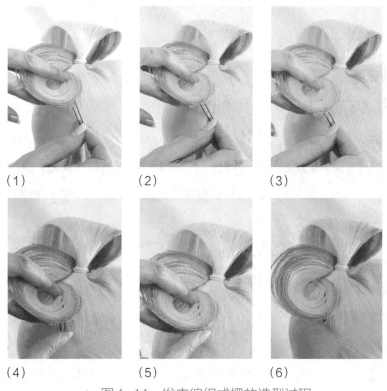

（1）　　　　　　　　（2）　　　　　　　　（3）

（4）　　　　　　　　（5）　　　　　　　　（6）

▲ 图1-11　发夹编织式摆放造型过程

表1-3 编织式摆放（编织式下发夹）任务评价表

项　　目	评　价	
	是	否
U形夹一侧贴着发基下发夹	☐	☐
完成下发夹后发夹全部外露	☐	☐
U形夹一侧一上一下挑起发片发丝	☐	☐
U形夹的插入方向是发片尾端	☐	☐

项目回顾

1. 本项目主要介绍了发夹的三种操作方法。

2. 掌握并能够运用发夹的三种操作方法制作单一发片造型。

课堂问答

一、单项选择题

1. 将发片做成环卷，在（　　　）固定。

（A）发基　　　　　　（B）发中　　　　　　　（C）发尾

2. 将发片制作成环卷，贴近发基处，并用（　　　）式摆放方法固定。

（A）平行　　　　　　（B）交叉　　　　　　　（C）编织

3. 用发夹锁住发片的（　　　）。

（A）上下　　　　　　（B）左右　　　　　　　（C）前后

4. 交叉式摆放后的发夹与发片（　　　）。

（A）平行　　　　　　（B）交叉　　　　　　　（C）编织

5. 发夹编织式摆放后，发夹（　　　）。

（A）外露　　　　　　（B）少外露　　　　　　（C）可外露也可不外露

二、判断题

1. 用两根发夹固定发片会使发片更加牢固。　　　　　　　　　　（　　　）

2. 下发夹时将发基的头发与发片的发丝加以固定。　　　　　　　（　　　）

3. 用两手来打开发夹。 （　　）

4. 发夹固定后锁住发片两侧发丝。 （　　）

5. 第二根发夹交叉在第一根发夹的尾部。 （　　）

6. 发夹水平式摆放后，发夹与发片发丝方向成十字。 （　　）

7. 用U形夹一上一下挑起发片发丝。 （　　）

8. 发夹编织式摆放后，表面U形夹显露得少，不破坏造型效果。 （　　）

三、综合运用题

请运用本项目所学习的技能完成以下下夹操作并填写造型名称与造型过程（图 1-12）。

（1） （2） （3）

▲ 图1-12　发夹的使用造型完成图

项目二　部分局部基础发基的种类分区及流向

知识目标

◎ 了解发基在发式造型中的作用。

◎ 了解制作发基的工具、用品。

◎ 了解不同发基的造型和制作手法。

能力目标

◎ 能利用所掌握的工具、用品完成发基的制作。

◎ 流向发基发丝流畅。

素质目标

◎ 手指与手腕灵活、协调性好。

◎ 操作过程中姿态正确。

◎ 耐心、专注、细心。

知识准备

根据设计的需要在不同位置分出大小不同的发基，可起到固定发片造型的作用。发基是发型的立足点，类似建造房屋的地基，能使发片造型更牢固。

发基的大小、形状可随发型设计的需要确定，如根据发髻的制作、发夹的固定或为修饰轮廓、发长位置确定局部发基有多种分类方法。

（1）按形状可分为方形发基、三角形发基、圆形发基、长方形发基、菱形发基等。

（2）按固定方法可分为扎束和编织流向等。需要增加造型的立体感时用扎束；需要造型服帖时可用编织及流向方法。

（3）按位置可分为前额区发基、颅顶区发基、枕骨区发基等。

（4）流向发丝发基是根据发型的需求来决定发丝流向的。

任务一　方形发基分区

任务描述

掌握划分方形发基所用的工具、用品；掌握划分方形发基的步骤、要求。

用具准备

尖尾梳、发夹。

实训场地

美发实训室。

技能要求

掌握方形发基的制作手法。

前额区部位划分方形发基（图2-1）。

（1）由顶点到两边的耳上点分区。

（2）右手持尖尾梳从左眼中间部位向上延伸，划分到头顶。

操作技巧：左手与尖尾梳的配合。

（3）用尖尾梳将发片挑起。

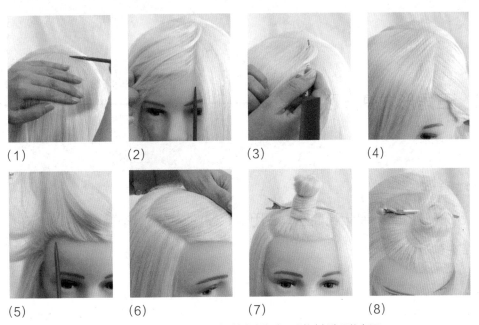

| (1) | (2) | (3) | (4) |
| (5) | (6) | (7) | (8) |

▲ 图2-1　前额区部位划分方形发基造型过程

（4）所分的线成直线。

操作技巧：左手与尖尾梳的配合，尖尾梳贴着头皮划分。

（5）由右眼眼尾开始，向上划分发区直至顶点。

（6）由前侧点到转角点，沿直线划分头发。

操作技巧：左手与尖尾梳的配合，尖尾梳贴着头皮划分。

（7）用发夹固定。

（8）完成后的效果。

操作技巧：划分好发基后，将头发顺绕到根部。

任务评价（表2-1）

表2-1　方形发基分区任务评价表

项　　目	评　　价	
	是	否
头发由顶点分到两边的耳上点	☐	☐
以一眼眼睛中部部位为参照，划分到头顶	☐	☐
划分到头顶的线为斜线	☐	☐
前侧点划分到转角点的线为直线	☐	☐
尖尾梳贴着头皮划分	☐	☐
划分好发基后，将头发顺绕到根部，固定牢固	☐	☐

任务二　三角形发基分区

任务描述

掌握划分三角形发基所用的工具、用品；掌握划分三角形发基的步骤、要求。

用具准备

尖尾梳、发夹。

实训场地

美发实训室。

技能要求

掌握三角形发基的制作手法。

颅顶区划分三角形发基（图2-2）。

（1）由顶点到两侧的耳上点划分头发。

（2）找到枕骨点到顶点的中心线。

操作技巧：熟悉点和线的名称与位置。

（3）用尖尾梳将头发由右边转角点斜分到枕骨点。

（4）用尖尾梳向下挑起发束。

操作技巧：挑发片时左手在上捏住发束，用尖尾梳向下划分头发。

（5）将头发由左边转角点斜分到枕骨点。

（6）用尖尾梳向上挑起发束。

操作技巧：注意用尖尾梳分线时一定要直。

（7）用尖尾梳向下挑起发束。

（8）完成后的效果。

操作技巧：挑发片时左手在上捏住发束，用尖尾梳向下划分头发。

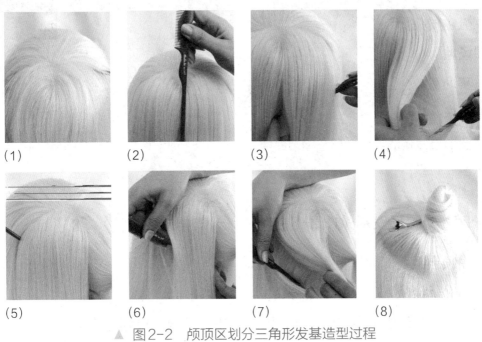

(1)   (2)   (3)   (4)

(5)   (6)   (7)   (8)

▲ 图2-2 颅顶区划分三角形发基造型过程

表2-2　三角形发基分区任务评价表

项　目	评　价	
	是	否
熟悉点和线的准确的名称与位置	☐	☐
用尖尾梳向上或向下挑起发束	☐	☐
用尖尾梳由右边转角点斜分到枕骨点	☐	☐
将头发由顶点分到两边的耳上点	☐	☐
挑发片时用手捏住发束向上或向下，用尖尾梳向下或向上	☐	☐

任务三　圆形发基分区

任务描述

掌握划分圆形发基的制作工具、用品；掌握划分圆形发基的步骤、要求。

用具准备

尖尾梳、发夹。

实训场地

美发实训室。

技能要求

掌握圆形发基的制作手法。

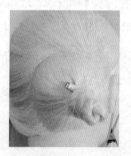

枕骨区划分圆形发基（图2-3）。

（1）由顶点至两侧的耳上点划分头发。

（2）用尖尾梳从耳上点开始划分头发。

操作技巧：手指要和尖尾梳配合，贴着头皮在发根部位划分头发。

（3）向后划分到枕骨点，所分的线呈圆弧状。

（4）手和尖尾梳将头发分开。

操作技巧：用手指控制发丝。

（5）用尖尾梳继续向下划分头发。

（6）用手和尖尾梳将头发分开。

操作技巧：旋转手腕划分发片，左手在下捏住发束，用尖尾梳向上，同时分开头发。

（7）完成后的效果。

操作技巧：用发夹将发尾夹在发基上固定。

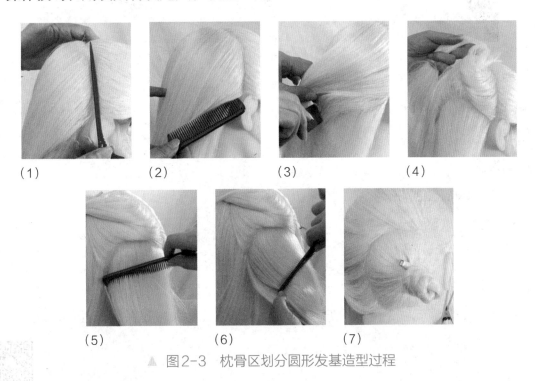

（1）　　　　（2）　　　　（3）　　　　（4）

（5）　　　　（6）　　　　（7）

▲ 图2-3　枕骨区划分圆形发基造型过程

任务评价（表2-3）

表2-3　圆形发基分区任务评价表

项　目	评　价	
	是	否
掌握点和线的准确的位置与名称	☐	☐
能用尖尾梳向上或向下挑起发束	☐	☐
手腕旋转灵活	☐	☐
尖尾梳贴着头皮在发根部位划分	☐	☐

任务四 I、C、S线的局部发丝流向发基

任务描述

掌握I线条、C线条、S线条的不同及各线条的吹风技巧；掌握I、C、S线所用工具和用品。

用具准备

吹风机、滚梳、发油。

实训基地

美发实训室。

技能要求

掌握I、C、S流向线条的吹风方法；掌握吹风完成后头发贴头皮发丝的流动方向。

"I"直线吹风技巧

I线局部发丝流向发基（图2-4）

（1）在黄金点将滚梳放到发根，用吹风机将头发由下至上吹至头顶。

（2）枕骨区头发依次吹至头顶。

操作技巧：发根压梳受热均匀。

（3）后发际线头发也向头顶方向吹。

（4）完成后的I线发丝流向。

操作技巧：完成后的发丝向上贴伏头皮。

（1）　　　　　　（2）　　　　　　（3）　　　　　　（4）

▲ 图2-4　I线局部发丝流向发基造型过程

C线局部发丝流向发基（图2-5）

（1）将右侧头发根部喷上发油。

（2）将头发根部斜向上吹。

操作技巧：发根压梳受热均匀。

（3）依次斜向上吹。

（4）吹出C形弧线。

操作技巧：发丝贴伏头皮。

（5）将耳上发际线处的头发以C形弧线向头顶部位吹。

（6）连接后部I线条发丝。

操作技巧：侧面发丝吹梳光滑服帖，旋转向上。

（7）完成后的C线发丝流向。

"C"弧线吹
风技巧

（1）　　　　　　（2）　　　　　　（3）　　　　　　（4）

▲ 图2-5　C线局部发丝流向发基造型过程

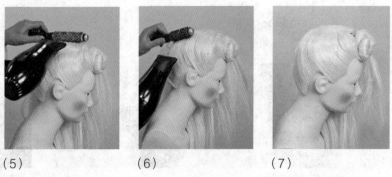

(5)　　　　　　(6)　　　　　　(7)

▲ 图2-5　C线局部发丝流向发基造型过程（续）

S线局部发丝流向发基（图2-6）

"S"曲线吹
风技巧

（1）头发根处喷上发油，吹向头顶。

（2）侧面的头发用滚梳向后再向前压出谷峰，热风吹波峰部位。

操作技巧：吹压出轻微S线。

（3）吹后效果。

（4）依次将发际边缘头发根部连接上面头发。

操作技巧：发根部贴伏头皮。

（5）用滚梳将头发向后再向前连接上面S线条发丝，用风筒吹风定型。

（6）连接后面的I线发丝。

操作技巧：加深S线发丝流向，自然连接向面I线流向。

（7）完成后的S线发丝流向。

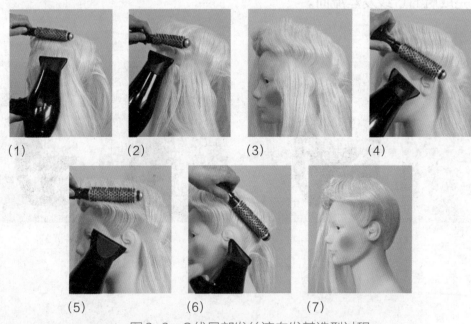

(1)　　　　　(2)　　　　　(3)　　　　　(4)

(5)　　　　　(6)　　　　　(7)

▲ 图2-6　S线局部发丝流向发基造型过程

　　　　　　　　　　　盘发造型

任务评价（表2-4）

表2-4 I、C、S线的局部发丝流向发基任务评价表

项　　目	评　价	
	是	否
了解3种流向发基的不同	☐	☐
掌握3种流线发基的吹风技巧	☐	☐
手腕旋转灵活	☐	☐
知道如何配合其他发基	☐	☐

项目回顾

1. 本项目主要介绍了方形发基、三角形发基、圆形发基、流向发基的制作方法。

2. 掌握并能够运用方形、三角形、圆形发基各配合流向发基制作一款单一发式造型。

课堂问答

一、单项选择题

1. 划分发片时，使用（　　　）。

（A）尖尾梳　　　　　　（B）板梳　　　　　　（C）排骨梳

2. 划分发片时，梳子贴着（　　　）划分。

（A）发根　　　　　　（B）发中　　　　　　（C）发尾

3. 划分方形发基时，尖尾梳沿（　　　）划分头发。

（A）弧线　　　　　　（B）直线　　　　　　（C）斜线

4. 划分圆形发基时，梳子是（　　　）来划分。

（A）弧线　　　　　　（B）直线　　　　　　（C）斜线

5. 制作C线流向发基是（　　　）。

（A）弧线　　　　　　（B）直线　　　　　　（C）斜线

二、判断题

1. 多次划分发片，应该又快又标准。　　　　　　　　　　　　　　　（　　　）

2. 划分发片时，梳子在头发中部来划分。   （   ）

3. 划分好发基后，将头发顺绕到根部。   （   ）

4. 黄金点的三角形发基与前额区的三角形发基的作用相同。 （   ）

5. 划分发片时，排骨梳贴着头皮，在发根划分。   （   ）

三、综合运用题

结合本项目所学内容，分析、填写图2-7中所运用的技法，并尝试操作不同部位的发基分区技法。

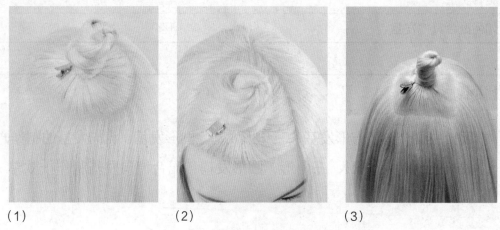

（1）   （2）   （3）

▲ 图2-7 部分局部基础发基造型完成图

盘发造型

项目三　梳理逆梳技巧

知识目标

◎ 了解逆梳在发式造型中的作用。

◎ 了解梳理逆梳的工具、用品。

◎ 了解各种梳理逆梳的手法。

能力目标

◎ 能利用所掌握的工具、用品来完成梳理逆梳操作。

素质目标

◎ 手指与手腕灵活、协调性好。

◎ 制作过程中姿态正确。

◎ 耐心、专注、细心。

知识准备

一、逆梳

逆梳指用发梳逆着头发的生长方向梳理。逆梳可以使头发变得蓬松，长短发丝互相连接，发片不易散开。逆梳可分：短逆梳、长逆梳、弹逆梳。

二、扎束

扎束指根据设计需求，将头发以不同的角度扎束在头部的某个点上。

三、手法

（1）手指紧随尖尾梳移动。

（2）手指与尖尾梳的角度可根据设计的需要而变化。

（3）尖尾梳逆梳发片的距离适当。

任务一 短逆梳

任务描述

了解短逆梳的作用。了解梳理短逆梳的工具、用品；掌握梳理短逆梳的步骤、要求。

用具准备

尖尾梳、皮筋。

实训场地

美发实训室。

技能要求

掌握短逆梳的操作手法。

短逆梳指手指和尖尾梳始终保持3厘米左右的距离进行的逆梳。短逆梳使发片呈现轻微凌乱和蓬松的效果，也使发丝连接得更紧实、密集。

短逆梳（图3-1）。

（1）左手夹发片，与右手拿的尖尾梳距离3厘米左右，开始逆梳。

（2）逐渐往发片中移动逆梳，根部发片逆梳后有轻微的凌乱发茬。

操作技巧：左手拉住发片的力度要均匀。

（3）尖尾梳紧随手指逆梳。

（4）逆梳至发片中间。

操作技巧：用尖尾梳进行逆梳时，要用手腕带动手进行操作。

（5）逆梳至发片尾端。

（6）逆梳完成后发片发丝互相连接紧密。

操作技巧：逆梳完后，发片能够立起，便于造型。

（7）用手指将发片向两侧轻轻均匀拉开。

（8）直至发片尾端。

操作技巧：发片发丝均匀铺开。

（9）完成后的发片中间厚、两边薄，整束发片发丝均匀。

操作技巧：发片中间不能有发丝突出。

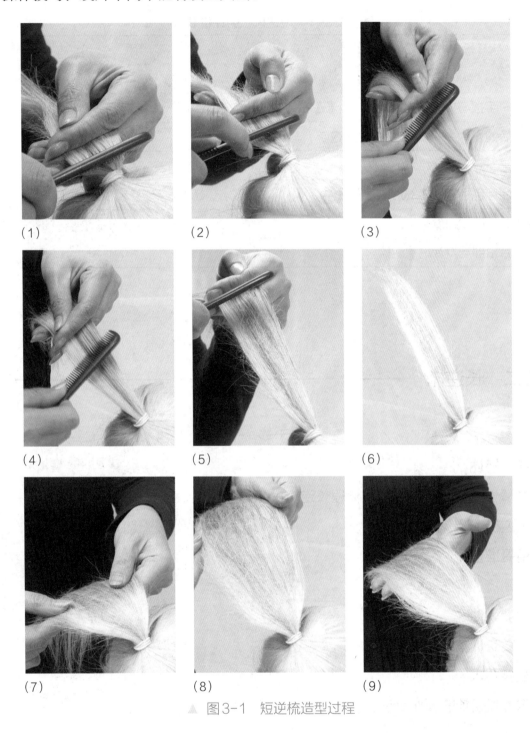

（1）   （2）   （3）

（4）   （5）   （6）

（7）   （8）   （9）

▲ 图3-1 短逆梳造型过程

表3-1　短逆梳任务评价表

项　目	评　价	
	是	否
逆梳时手指与尖尾梳的距离在3厘米左右	☐	☐
完成后的发片中间厚两边薄，发丝均匀	☐	☐
左手夹发片的力度均匀	☐	☐
逆梳后用手指轻轻将发片向两侧拉伸	☐	☐
逆梳时手腕的力度均匀	☐	☐
由发片根部至发片尾端逆梳	☐	☐

任务二　长逆梳

任务描述

了解长逆梳的作用；了解梳理长逆梳的工具、用品；掌握梳理长逆梳的步骤、要求。

用具准备

尖尾梳、皮筋。

实训场地

美发实训室。

技能要求

掌握长逆梳的操作手法。

长逆梳指手指与尖尾梳始终保持3厘米以上的距离进行的逆梳。长逆梳使发片的上下两面有凌乱和蓬松的效果，从而达到发丝连接紧密不易开裂的效果。

长逆梳（图3-2）。

（1）左手以90°向上提拉发片。

（2）从发片根部开始逆梳。

操作技巧：手指与尖尾梳保持在3厘米以上，进行逆梳。

（3）在发片中部用尖尾梳向下逆梳。

（4）一直逆梳到发片尾端（发尾）。

操作技巧：尖尾梳向下逆梳时用力要均匀，左手夹住发尾以控制逆梳过程中发片的方向并使发丝受力均匀。

（5）完成逆梳后发片直立，发丝均匀。

操作技巧：完成后发丝有膨胀感。

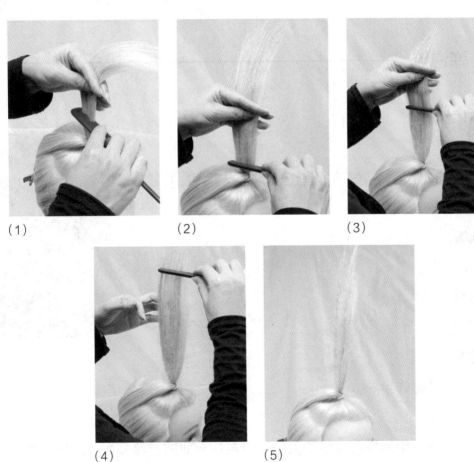

（1）　　　　　　　　（2）　　　　　　　　（3）

（4）　　　　　　　　（5）

▲ 图3-2　长逆梳造型过程

表3-2　长逆梳任务评价表

项　目	评　价	
	是	否
手指与尖尾梳的距离在3厘米以上开始逆梳	☐	☐
从发片根部开始逆梳	☐	☐
以90°向上提拉发片	☐	☐
发丝均匀、有膨胀感，发片直立	☐	☐

任务三　弹逆梳

任务描述

了解弹逆梳的作用；了解梳理弹逆梳的工具、用品；掌握梳理弹逆梳的步骤、要求。

用具准备

尖尾梳、皮筋。

实训场地

美发实训室。

技能要求

掌握弹逆梳的操作手法。

右手持尖尾梳，手腕抖动，带动尖尾梳将发片一面的发丝弹起，使发丝凌乱，从而达到蓬松、填充的效果，同时发片的另一面始终保持平滑。

弹逆梳（图3-3）。

（1）左手以45°向上提拉发片。

（2）从发片根部开始弹梳。

操作技巧：尖尾梳在发片表面向前推。

（3）把发片表面的发丝弹起。

（4）手腕旋转，尖尾梳轻弹发片表面。

操作技巧：尖尾梳旋转向前弹逆梳。

（5）弹至发尾。

▲ 图3-3 弹逆梳造型过程

（6）完成后发片形成蓬松的球形。

操作技巧：弹逆梳后，发丝蓬松，集中在发片中间位置。

（7）发片另一面没有逆梳痕迹。

（8）弹逆梳后发片饱满，有填充感。

操作技巧：尖尾梳的梳齿在弹逆梳过程中不可穿透发片。

（9）完成的效果。

操作技巧：完成后，发片一面蓬松，另一面平滑，对比明显。

任务评价（表3-3）

表3-3 弹逆梳任务评价表

项　　目	评　价	
	是	否
以45°向上提拉发片	☐	☐
从发片根部开始逆梳	☐	☐
尖尾梳的梳齿未穿透发片	☐	☐
完成逆梳后，发片一面蓬松饱满	☐	☐
发片另一面表面平滑	☐	☐

任务四　填充物

任务描述

掌握用弹逆梳制作填充物的方法；掌握制作填充物所用的工具和用品；掌握填充物在盘发中的作用。

用具准备

尖尾梳、发夹、皮筋、发胶、风筒。

实训场地

美发实训室。

技能要求

掌握使用弹逆梳制作填充物的技巧，及使用弹逆梳制作不同形状填充物的要点和作用。

用公仔头本身的头发，使用弹逆梳的技巧制作成不同形状的填充物，来完成有发包技巧的饱满盘发造型。

填充物（图3-4）。

（1）颅顶区分出发束，用皮筋固定，分出2个发片，左手拉出一发片，右手用尖尾梳梳少量的发丝快速向下推动。

（2）在发中快速向下推动使所有发丝都推向发根，形成均匀发团。

操作技巧：将少量发丝均匀松散向下推动。

弹力梳技巧
（填充）

（3）用尖尾梳将推到发根部位的发丝压紧实。

（4）拉起另一束发束。

操作技巧：将所有的发丝全部用弹逆梳技巧推成发团。

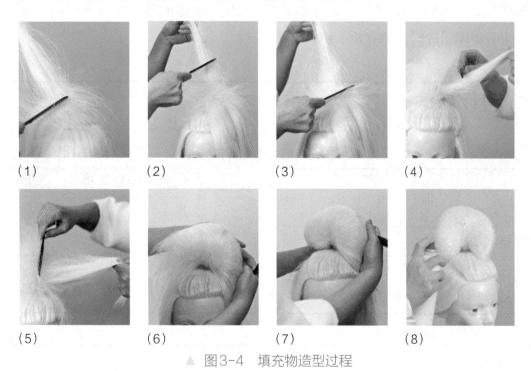

（1）　　　　（2）　　　　（3）　　　　（4）

（5）　　　　（6）　　　　（7）　　　　（8）

▲ 图3-4　填充物造型过程

（9）　　　　　（10）　　　　　（11）

▲ 图3-4　填充物造型过程（续）

（5）用同样的方法制作发团。

（6）用尖尾梳调整，使两发团合在一起。

操作技巧：两个发团连接紧密均匀，形成完整的一个发团。

（7）用双手将发尾压实包住，调整出想要的造型。

（8）喷上发胶，使表面更紧实光滑。

操作技巧：手压发团的力度是根据造型需要来定的。

（9）将多余的头发用U形夹或发夹固定。

（10）固定好的造型（后面）。

操作技巧：喷胶、吹风与手压相互配合，最后把多余的头发用发夹收尾。

（11）制作完成后的填充物。

任务评价（表3-4）

表3-4　填充物任务评价表

项　　目	评　价	
	是	否
发丝推向发根	□	□
发丝压实压紧	□	□
将多余的发丝用发夹压紧固定	□	□

项目回顾

1. 本项目主要介绍了三种逆梳的方法及用弹逆梳制作的填充物。

2. 掌握并能够运用三种逆梳操作技巧制作单一发式造型。

课堂问答

一、单项选择题

1. 发片逆梳时，用（　　　）操作。

（A）尖尾梳　　　　　　（B）板梳　　　　　　（C）排骨梳

2. 短逆梳时手指和尖尾梳保留3厘米（　　　）的长度。

（A）左右　　　　　　　（B）以上　　　　　　（C）以下

3. 完成长逆梳后头发根部（　　　）。

（A）直立　　　　　　　（B）前倾　　　　　　（C）后倒

4. 填充物是用（　　　）技巧。

（A）短逆梳　　　　　　（B）长逆梳　　　　　　（C）弹逆梳

二、判断题

1. 弹逆梳完成后发片饱满、有填充感。　　　　　　　　　　　　（　　　）

2. 逆梳时尖尾梳由发根均匀梳至发片尾端。　　　　　　　　　　（　　　）

3. 逆梳完成后发丝均匀，发片直立。　　　　　　　　　　　　　（　　　）

三、综合运用题

请根据本项目所学的内容分析、填写图3-5所示发型运用了哪些逆梳方法，并尝试操作。

（1）

（2）

▲ 图3-5　梳理逆梳技巧造型完成图

模块二
传统盘发造型技术

项目四 盘包

知识目标

◎ 了解盘包在发式造型中的作用。

◎ 了解制作盘包的工具、用品。

◎ 了解盘包的分类及相应的制作手法。

能力目标

◎ 能利用所掌握的工具、用品来进行盘包制作。

素质目标

◎ 手指与手腕灵活、协调性好。

◎ 操作过程中姿态正确、优美。

◎ 耐心、专注、细心。

知识准备

盘包主要运用扭、盘、包、绕等传统技法。盘包是传统盘发技术之一，其效果具有简洁、明快、高雅的特点。

一、盘包分类

盘包分为单包和双包。单包可以分为半单包和全单包；双包可以分为半双包和全双包。半单包可使枕骨区部位造型饱满。

二、逆梳技巧的运用

（1）短逆梳技巧大部分运用在半单包、半双包的盘发造型中。

（2）长逆梳技巧大部分运用在全单包、全双包的盘发造型中。

三、填充物

填充物是用人造纤维或真发，根据造型要求制作成的不同形状的发团。使用时将填充物摆放在所需的部位上，用发夹将其固定在发基上，并用发片覆盖，使得造型蓬松、饱满，并增加造型的高度和宽度。

四、注意事项

（1）包发区的所有发片都用到了长逆梳或短逆梳技巧，在逆梳时力度要均匀。

（2）所下发夹要隐秘、不外露。

（3）盘发前要把发片根部吹向所需盘发的方向，并将其余发丝吹通、梳顺。

任务一　单包

任务描述

了解两种单包造型所需要使用的基本制作工具、用品；掌握两种单包造型的制作步骤、要求。

用具准备

尖尾梳、电吹风、发夹、皮筋、发胶、填充物、包发梳。

实训场地

美发实训室。

技能要求

掌握单包的制作手法。

单包时将左右两区头发重叠摆放，形成单一的面。单包根据完成的程度又可分为半单包和全单包。半单包完成后可以再利用发尾进行造型；全单包是已经完成的发型（发尾全部收拢隐藏）。

一、半单包

半单包（图4-1）。

（1）从两侧前侧点至黄金点划分U形发区，再将耳上点连接到U形发区，用发夹固定。

（2）从黄金点至枕骨点划分细小三角形发基。

操作技巧：三角形发基的面积根据填充物的大小确定。

（3）将填充物摆在发基上。

（4）用U形夹将填充物固定在发基上。

操作技巧：填充物要根据所需要的饱满度（造型流畅）进行处理。

（5）再次用U形夹固定填充物。

（6）左手向右提拉左面的发片，发片的里面用短逆梳梳理，表面梳理通顺。

操作技巧：提拉发片的方向是右上方约45°。

（7）距离发片20厘米左右喷发胶，发胶喷洒均匀。

（8）用发片覆盖住填充物，发尾用小铝夹固定备用。

操作技巧：梳理后的发丝流畅、向上、收紧。

（9）右边发片的里面用短逆梳梳理，表面梳理通顺，喷发胶定型。

（10）将发片围绕在尖尾梳尾部向下、向里包裹发片。

操作技巧：拉紧发片，发片缠绕尖尾梳包裹时用力收紧发片。

（11）用手调整尖尾梳和发片包裹的位置。

（12）发尾用U形夹固定。

操作技巧：手指拉紧发片。确定位置后用左手扶住包发位置，下发夹固定。

（13）完成后的效果。

操作技巧：完成后，造型饱满、紧实、平滑（注意发丝梳理方向）。

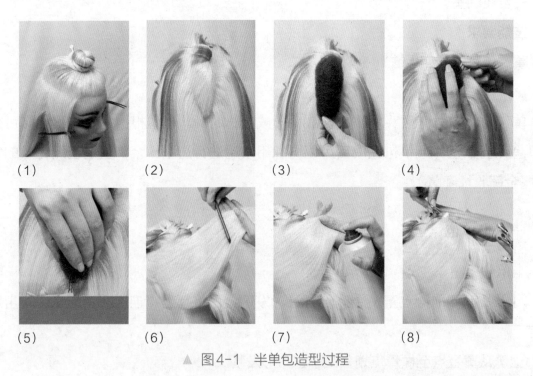

（1）　　　　　（2）　　　　　（3）　　　　　（4）

（5）　　　　　（6）　　　　　（7）　　　　　（8）

▲ 图4-1　半单包造型过程

　　　　　　　　　　　　　　盘发造型

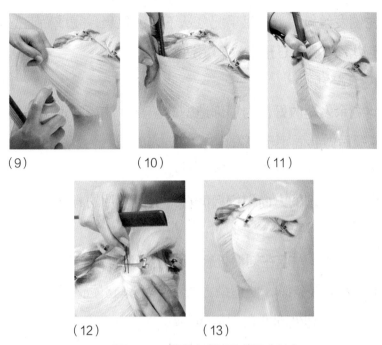

（9） （10） （11）

（12） （13）

▲ 图4-1 半单包造型过程（续）

二、全单包

全单包（图4-2）。

（1）使用滚梳配合吹风机，将两侧头发贴着头皮向上滚动梳理。

（2）在前额区分出U形发区。

操作技巧：根据需要把头发吹顺并吹出方向。

（3）将U形发区头发固定备用。

（4）将U形发区下的头发用长逆梳技法处理。

操作技巧：使用长逆梳处理后的头发丰盈、饱满。

（5）用包发梳向左梳理右侧表面头发，将头发梳理顺滑。

（6）左手控制发尾，右手向梳理好的发区喷发胶定型。

操作技巧：梳理后的发丝呈水平方向。

（7）将所有头发梳向一侧后，在中间偏左一点处用竖向交叉下夹方法固定头发。

（8）斜向上拉左侧头发，并把表面梳顺。

操作技巧：最后一个发夹向下锁住收口，包发梳只是把发片表面梳理光滑，内部还是使用逆梳技法。

（9）发尾向内旋转包裹。

（10）完成后发尾留出备用，再用小铝夹固定在接口处。

操作技巧：左侧发丝斜向上，双手配合从下向上包裹，完成后造型呈海螺状。

（11）在单包边沿内侧下U形发夹固定造型。

（12）将余下发尾梳顺。

操作技巧：将剩余发尾收好作为顶部造型的填充。注意固定后的发夹不外露。

（13）发尾梳顺后做卷固定于包发内。

（14）将U形发区头发向斜后方梳理。

操作技巧：发片所梳理的方向根据后面那片表面发片的方向而定，应使前后整体融合、统一。

（15）右手拉住发片，左手在刘海处轻轻拉出所设计的纹理。

（16）用手制作发丝线条感，使造型更具层次感和立体感。

操作技巧：刘海的纹理处理要自然流畅。

（17）将发尾顺发包方向梳顺后用发胶定型。

（18）以后面包发发梢为轴心，包裹前额刘海的发尾，使前后头发融合为一体。

操作技巧：前后连接没有缝隙。

（19）用小钢夹固定。

（20）梳理完成后，发型顶部形成流畅的S形纹理。

操作技巧：发夹不外露，整体造型饱满，发丝流畅。

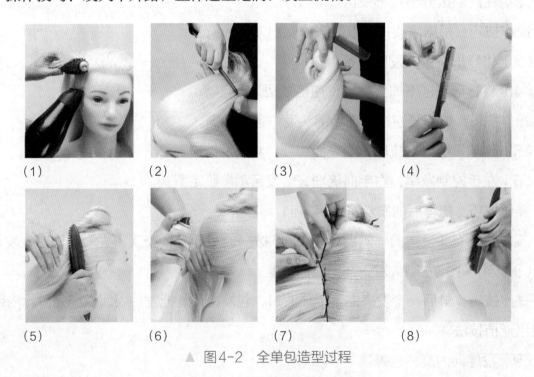

（1）　　　　　（2）　　　　　（3）　　　　　（4）

（5）　　　　　（6）　　　　　（7）　　　　　（8）

▲ 图4-2　全单包造型过程

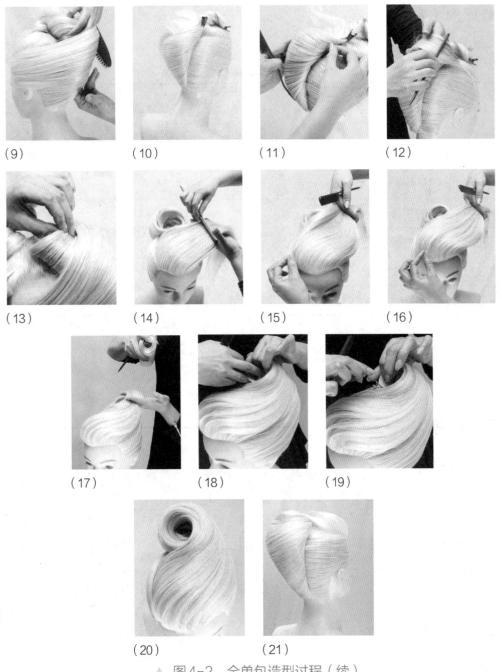

（9）　　　　　（10）　　　　　（11）　　　　　（12）

（13）　　　　　（14）　　　　　（15）　　　　　（16）

（17）　　　　　（18）　　　　　（19）

（20）　　　　　（21）

▲ 图4-2　全单包造型过程（续）

（21）完成后的效果。

操作技巧：完成后的造型呈上宽下窄的锥形，最高点在黄金点。

表4-1 单包造型任务评价表

项 目	评 价	
	是	否
前额区分区呈U形	☐	☐
吹风造型时, 将发片根部向上吹顺	☐	☐
发胶喷头与头发的距离约20厘米	☐	☐
铝夹要固定在发片根部位置	☐	☐
包发梳处理后表面头发平滑	☐	☐
整体完成后发夹不外露, 造型饱满, 发丝流畅	☐	☐

任务二　双包

任务描述

掌握两种双包造型的基本制作工具、用品；掌握两种双包造型的制作步骤、要求。

用具准备

尖尾梳、电吹风、发夹、皮筋、发胶、填充物、包发梳。

实训场地

美发实训室。

技能要求

掌握双包的制作手法。

　　双包盘发造型是将左右两个分区头发对称摆放, 形成对称的发面形态。双包造型根据完成的程度又可分为半双包和全双包。

一、半双包

半双包（图4-3）。

（1）从两侧前侧点至黄金点划分U形发区，再将耳上点连接到U形发区，用发夹固定。

（2）在枕骨区划分出倒三角形发基。

操作技巧：发基的大小要和填充物匹配。

（3）把填充物放置在倒三角形发基上。

（4）用U形夹将填充物上半部分固定在发基上面。

操作技巧：填充物不能大于发基。

（5）用U形夹将填充物的下半部分固定在发基上。

（6）逆梳左侧发片的内部。

操作技巧：填充物周边需固定牢固，由于发片发量少，所以采用短逆梳技法。

（7）向右侧提拉左侧发片，并将发片表面梳理通顺。

（8）发片围绕尖尾梳的尾部向内旋转包裹，并固定在填充物的中间位置。

操作技巧：手指控制发尾，使发片不易松散脱落。

（9）从下向上形成海螺状，在收口部位用小铝夹固定。

（10）逆梳右边发片内部，再把表面梳理通畅。

操作技巧：一侧包发结束后，边线应在枕骨点位置。

（11）将发片围绕尖尾梳尾部向内旋转包裹，和左边半包边线对齐。

（12）用手控制发尾，保持发丝流向的统一，使其不易松散脱落。

操作技巧：从下向上向内旋转包裹，使造型饱满。

（13）完成后的效果。

操作技巧：两侧对称、整齐、紧实。

   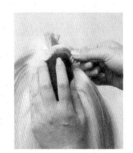

（1）　　　　　（2）　　　　　（3）　　　　　（4）

▲ 图4-3　半双包造型过程

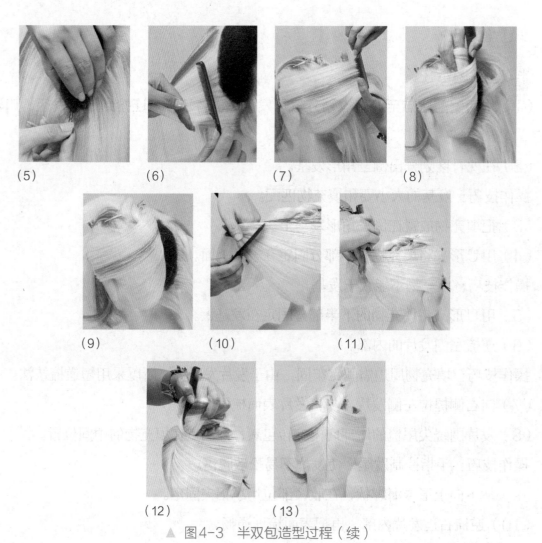

（5）　　　　　（6）　　　　　（7）　　　　　（8）

（9）　　　　　（10）　　　　　（11）

（12）　　　　　（13）

▲ 图4-3　半双包造型过程（续）

二、全双包

全双包（图4-4）。

（1）从前额区分出U形发区，在颅顶区中心以C字形线划分出左右两个发区。

（2）用长逆梳技巧梳理右侧发片内部，制造饱满感。

操作技巧：以C字形线划分发区是在传统双包的基础上进行了创新。

（3）斜向上提拉右侧发区发片，用包发梳把表面头发梳顺。

（4）右手控制发片中间向内旋转，左手拉住发尾。

操作技巧：左手拉住发尾部，使发片不松散，并扭转发尾。

（5）用尖尾梳尾部调整包发边线，使其边线形成C字形。

（6）发尾向下扭转。

操作技巧：发尾藏在包发内起到填充的作用。

（7）将多余的发尾折回，收入包发内。

（8）右手轻扶发包，用U形夹固定在上面收口部位。

（9）长逆梳左侧发片内部，制造丰盈感。

（10）向后提拉发片，将发片表面梳理通顺。

操作技巧：内部长逆梳力度、长度均匀。

（11）喷发胶，表面定型。

（12）将梳理好的发片围绕尖尾梳尾部向内旋转。

操作技巧：拉住发中使其不松散脱落。

（13）发尾围绕尖尾梳尾部旋转至与右侧边线对齐处。

（14）左手轻抚发包，右手用U形夹固定接口。

操作技巧：用尖尾梳尾部调整双包边线，使其相对形成C字形线。

（15）左手夹住发尾，向右侧梳顺发尾。

（16）梳理好后将发尾围绕右侧发包口旋转。

操作技巧:应结合右侧发包造型。

（17）梳理好后用U形夹固定。

（18）喷发胶定型。

操作技巧：完成后的双包口部形成柔美的S形。

（19）向右后方梳理顶部的头发。

（20）右手拉住发尾，左手将前额区的头发拉出纹理。

操作技巧：前额区发片的梳理方向根据其后双包造型的方向来确定。

（21）按S形梳顺发尾。

（22）连接后面右侧包发口部位，用U形夹固定。

操作技巧：将发尾梳理成S形。

（23）造型后前后连接呈流畅的S形。

　　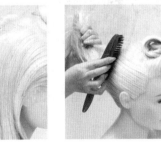　

（1）　　　　　　（2）　　　　　　（3）　　　　　　（4）

▲ 图4-4　全双包造型过程

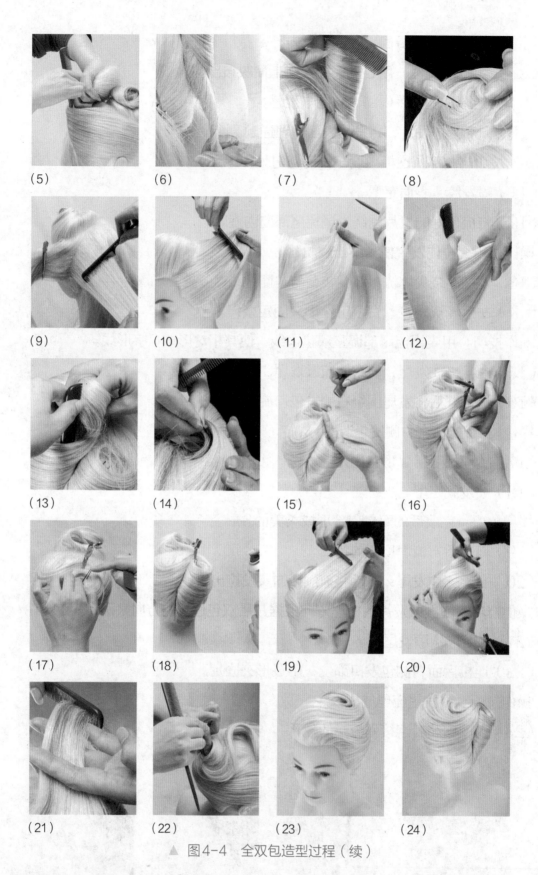

（5） （6） （7） （8）

（9） （10） （11） （12）

（13） （14） （15） （16）

（17） （18） （19） （20）

（21） （22） （23） （24）

▲ 图4-4 全双包造型过程（续）

（24）完成后的造型。

操作技巧：前后连接连贯、无断层，完成后的造型线条柔美、时尚。

盘发造型

任务评价（表4-2）

表4-2 双包任务评价表

项　　目	评　价	
	是	否
用长逆梳来制造蓬松感	☐	☐
颅顶区以C字形线左右分区	☐	☐
喷发胶时距离约30厘米、角度约45°	☐	☐
发片围绕尖尾梳尾部向内旋转	☐	☐
整体效果前后连接自然、发丝流畅	☐	☐
U形发区的发尾用尖尾梳梳理成S形	☐	☐

项目回顾

1. 本项目主要介绍了单包、双包盘发的制作方法。

2. 掌握并能够运用单包、双包盘发技巧制作单一盘发发式造型。

课堂问答

一、单项选择题

1. 单包时后发区用发夹固定，呈（　　　）形。

　（A）"I"　　　　　　　　（B）"Z"　　　　　　　　（C）"X"

2. 单包时，将所有头发梳向一侧，用发夹在后发区（　　　）固定。

　（A）偏左侧　　　　　　（B）正中　　　　　　　（C）偏右侧

3. 半单包时将发片覆盖住填充物，发尾用（　　　）固定。

　（A）U形夹　　　　　　（B）小铝夹　　　　　　（C）发夹

4. 在包发时，发片围（　　　）尾部向内围绕包裹。

　（A）排骨梳　　　　　　（B）尖尾梳　　　　　　（C）包发梳

5. 前额区发片做向后的（　　　），用手制作出蓬松效果。

　（A）空心卷　　　　　　（B）平卷　　　　　　　（C）S形波纹

二、判断题

1. 包发时以尖尾梳为轴心将发梢向内侧旋转。　　　　　　　　　　　（　　　）

2. 单包时可将头发分为左右两区。   （   ）

3. 梳理头发表面时先喷发胶后梳理。   （   ）

4. 双包时将头发分为前后发区。   （   ）

5. 梳理双包时，将发尾顺时针做卷，覆盖在第一个发包的顶端。   （   ）

三、综合运用题

分析、填写图4-5所示的发型运用了哪些包发技法，尝试操作。

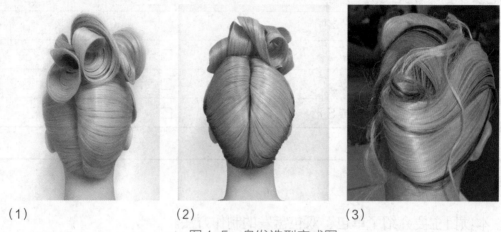

   （1）   （2）   （3）

▲ 图4-5　盘发造型完成图

项目五　波纹

知识目标

◎ 了解波纹在发式造型中的作用。

◎ 了解做波纹的工具、用品。

◎ 了解波纹的不同造型和制作手法。

能力目标

◎ 能利用所掌握的工具、用品来制作波纹。

素质目标

◎ 手指与手腕灵活、协调性好。

◎ 制作过程中姿势正确。

◎ 耐心、专注、细心。

知识准备

一、发蜡的涂抹方法

（1）全头发片从发根到发尾涂抹发蜡。

（2）发蜡涂抹均匀。

二、分区方法及发卷方向

（1）全头发片分出长、宽分别在3厘米左右的方形发区。

（2）发卷的旋转方向根据所制作波纹的走向决定。

三、卷筒分区方法及卷筒排列方式

（1）全头各发区的发片厚度以发卷心的直径及宽度为依据。

（2）前额区卷筒根据波纹的方向排列，枕骨区以标准卷杠或砌砖形式排列。

四、吹风及梳理技巧

（1）根据卷筒的排列方向吹风、梳理波纹，使发丝光滑。

（2）用排骨梳推拉发片配合吹风，使波纹纹理更加清晰。

任务一 湿发波纹

任务描述

掌握制作湿发波纹所需的基本工具、用品；
掌握湿发波纹制作的步骤、要求。

用具准备

尖尾梳、发胶、小铝夹、发蜡。

实训场地

美发实训室。

技能要求

掌握湿发波纹的制作手法。

湿发波纹又称为指推波纹，是针对短发的一种梳理技巧。波纹呈连续的半圆弧形（C字形）。按发卷的方向推出C字形，做出波峰之后再转换方向，反向推出另一组波峰。湿发波纹造型高贵、典雅，能突出女性妩媚的特征。

湿发波纹（图5-1）。

（1）将发型修剪成均等层次形。

操作技巧：在做湿发波纹之前，进行均等层次修剪。

（2）将发蜡均匀涂于发片。

（3）分出方形发区，将发片向后梳理，提拉角度约10°（一手指位提升）。

操作技巧：根据所需波纹方向徒手卷筒；向后梳理时，操作者要站在模特的后面。

（4）用左手捏住发中，右手捏住发尾卷向发根方向。

（5）发卷呈圆形后，用左手在发中部将发尾捏住，右手拿小铝夹贴头皮将发卷固定。

操作技巧：发尾与发中相连，捏发片的力度要适中，手腕在旋转时要有力度。

（6）向右贴近头皮梳理，右侧分出方形发区。

（7）右手捏住发中，左手拉发尾，向后旋转。

操作技巧：发片向上提拉角度约10°，每一份发束分约1.5厘米宽。

（8）用小铝夹贴头皮将发卷固定。

（9）依次向后做第二层发片。

操作技巧：发卷完成后向前推。

（10）第二层发片的梳理方向和第一层相反。

（11）小铝夹贴头皮将发卷固定。

操作技巧：保持和第一层提拉角度一致，发尾旋转方向相反的原则。

（12）排卷完成后的效果。

操作技巧：发卷规律，排完卷后用烘干机烘干头发。

（13）右手拿尖尾梳把发卷的波纹方向梳理出来。左手用中指、食指按住波谷、推出波峰。

（14）用食指、中指内扣上提，配合拇指下压前推，推出前额区波纹。

操作技巧：尖尾梳与手指的配合。

（15）依此类推，向后逐层把波谷及波峰推出。

（16）用尖尾梳尾部挑出波峰。

操作技巧：注意全头推拉波纹。

（17）完成后侧面效果。

（18）完成后后面的效果。

操作技巧：完成后全头整体波纹相互连接，波纹立体、有序，高低起伏明显。

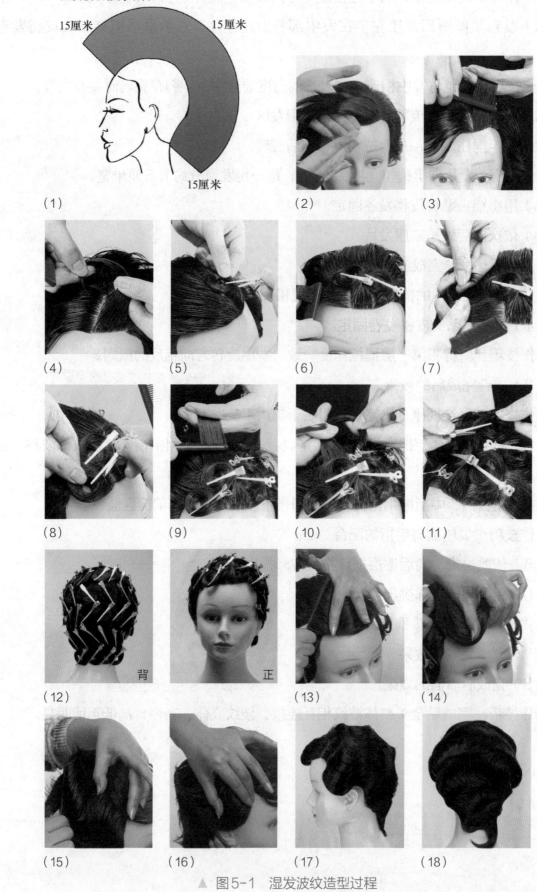

湿发波纹修剪结构图

15厘米　　　15厘米

15厘米

（1）　　　　（2）　　　　（3）

（4）　　　　（5）　　　　（6）　　　　（7）

（8）　　　　（9）　　　　（10）　　　　（11）

背　　　正

（12）　　　　（13）　　　　（14）

（15）　　　　（16）　　　　（17）　　　　（18）

▲ 图5-1　湿发波纹造型过程

任务评价（表5-1）

表5-1　湿发波纹任务评价表

项　目	评　价	
	是	否
方形分发区, 发片长、宽度分别约为1.5厘米	☐	☐
每一层的发片方向不同	☐	☐
发片提起的角度约10°	☐	☐
小铝夹固定在发根处	☐	☐
完成后全头波纹连接	☐	☐

任务二　干发波纹（真人）

任务描述

掌握干发波纹的基本制作
工具、用品；掌握干发波纹制
作的步骤和要求。

用具准备

尖尾梳、发胶、空心卷、
烘干机、风筒、排骨梳。

实训场地

美发实训室。

技能要求

掌握干发波纹的制作手法。

干发波纹又称为波浪发型，是针对发片的一种梳理技巧。全头发片根据需要排列卷
杠，并将卷杠烘干。用吹风机、发梳、发刷相互配合，利用梳刷技巧制造出连贯的立体
波浪纹理。干发波纹造型具有高贵、典雅、浪漫的特色。

干发波纹（图5-2）。

（1）先将头发进行渐增层次修剪。

操作技巧：在做干发波纹之前要对发型进行渐增层次修剪。

（2）用尖尾梳水平分发片。

（3）向上90°提拉发片。

操作技巧：挑出长方形发区。

（4）用尖尾梳将发尾压进卷发筒。

（5）双手将卷发筒向下卷发，注意力度均匀。

操作技巧：将发尾梳顺，发丝卷在卷发筒上。

（6）双手捏住卷发筒两边，将卷发筒卷到发根。

（7）将所有头发以砌砖方法进行排列。

操作技巧：卷发筒卷至一半时，双手可左右移动，调整两边的发丝张力。

（8）卷筒完成后的效果（后面）。

（9）将前额区、头顶区的发片以120°提拉，侧部区发片以90°提拉，枕骨区发片以60°提拉，成水平状卷。

操作技巧：发卷以砌砖排列方式摆放。

（10）完成后的效果。

操作技巧：用发梳、吹风机相互配合，完成操作。

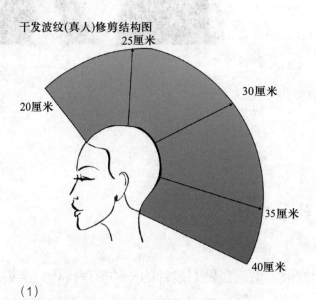

干发波纹(真人)修剪结构图

25厘米

30厘米

20厘米

35厘米

40厘米

（1）

▲ 图5-2 干发波纹（真人）造型过程

(2)　　　　　(3)　　　　　(4)　　　　　(5)

(6)　　　　　(7)　　　　　(8)　　　　　(9)

(10)

▲ 图5-2　干发波纹（真人）造型过程（续）

任务评价（表5-2）

表5-2　干发波纹（真人）任务评价表

项　目	评　价	
	是	否
操作卷筒时，以90°提拉全部发片	□	□
卷筒时以砌砖方法摆放	□	□
双手卷卷发筒时力度均匀	□	□
完成后全头波纹连贯、自然	□	□
前额区波纹呈S形	□	□

任务三　干发波纹（模具头）

任务描述

掌握制作干发波纹基本的工具、用品；掌握干发波纹制作的步骤、要求。

用具准备

尖尾梳、发胶、卷杠、烘干机、吹风机、排骨梳。

实训场地

美发实训室。

技能要求

掌握干发波纹的制作手法。

干发波纹（图5-3）。

（1）先将头发进行渐增层次修剪。

操作技巧：在做干发波纹之前，先将发型进行渐增层次修剪。

（2）前额部分三角形分区。

（3）以90°向上提拉发片。

操作技巧：分区时，将食指放在额头，用尖尾梳划分一条斜线，梳尾与食指结合，将头发分开。

（4）用卷杠卷发，用尖尾梳的尾部将发梢压进卷杠的底部。

（5）左、右手指配合，向下旋转，力度均匀。

操作技巧：选用直径约2厘米的卷杠（卷杠不仅可以烫发，还可以做造型）。

（6）用皮筋固定。

（7）此区均为三角形发区。

操作技巧：卷杠时，用尖尾梳将发丝梳顺。在卷杠时先在发梢处转动带顺发梢。

（8）头顶部位水平分发线。

（9）尖尾梳在发根处以90°向上梳顺发片。

操作技巧：分长方形发区。

（10）用烫发纸包住发尾。

（11）用尖尾梳尾部将发梢压进卷杠底部。

操作技巧：以90°向上提拉发片，梳顺发丝。

（12）双手均匀用力向下、向内卷杠。

（13）在上一个卷好的卷杠中间，分长方形发区。

操作技巧：用"品"字形卷杠方法（砌砖方法）。

（14）枕骨点以上用砌砖方式排列卷杠。

（15）卷杠完成的效果。

操作技巧：砌砖方法口诀：1—2—3—2—4—2—3—2—2。

（16）卷杠完成后的效果。

（17）拆杠后的效果。

操作技巧：卷杠完成后前两区左大右小；拆杠后发卷大小一致、排列规律。

（18）将健发霜均匀涂抹在发片上。

（19）用手指梳顺发片。

操作技巧：涂抹前用双手将健发霜搓均匀。

（20）全头发片均匀喷发油。

（21）用排骨梳向下梳顺发片。

操作技巧：喷发油时要均匀，发油量适中。排骨梳由头顶梳至发尾，用力适度。一只手托在发片底部，避免扯拉顾客头发。

（22）用吹风机按照波纹的方向吹顺、加深波纹。

（23）用排骨梳推拉出波纹的谷峰。

操作技巧：吹风机与发片保持约10厘米的距离。

（24）用排骨梳的左右弧形面移动推拉发片，使发片呈S形。

（25）用左手手指按压波谷，用排骨梳推出谷峰。

操作技巧：左手手指按住波谷，排骨梳顺着手指推出波峰。

（26）用手指和排骨梳配合，推出波纹。

（27）完成后的效果。

（28）完成后侧面效果。

（29）完成后后面效果。

操作技巧：前额波纹整体向后，全头波纹连接紧密。

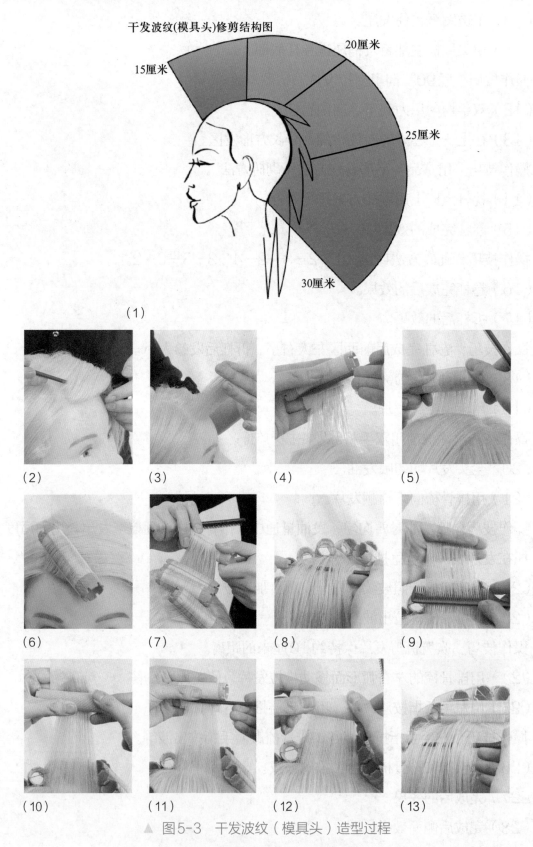

干发波纹(模具头)修剪结构图

15厘米

20厘米

25厘米

30厘米

（1）

（2） （3） （4） （5）

（6） （7） （8） （9）

（10） （11） （12） （13）

▲ 图5-3　干发波纹（模具头）造型过程

（14）　　　　　　（15）　　　　　　（16）　　　　　　（17）

（18）　　　　　　（19）　　　　　　（20）　　　　　　（21）

（22）　　　　　　（23）　　　　　　（24）　　　　　　（25）

（26）　　　　　　（27）　　　　　　（28）　　　　　　（29）

▲ 图5-3　干发波纹（模具头）造型过程（续）

任务评价（表5-3）

表5-3 干发波纹（模具头）任务评价表

项　目	评　价	
	是	否
前额区为三角形发区，其余为长方形发区	□	□
卷杠左右手用力适中	□	□
熟悉以砌砖方式排列卷杠	□	□
健发霜、发油用量适中	□	□
手指与排骨梳相互配合	□	□
全头波纹连接紧密	□	□

项目回顾

1. 本项目介绍了掌握干发波纹、湿发波纹的梳理技巧。

2. 掌握干发波纹和湿发波纹的特点，并灵活运用。

课堂问答

一、单项选择题

1. 湿发波纹，发片提起约（　　　）。

（A）10° 　　　　（B）20° 　　　　（C）30°

2. 卷空心卷时发片表面要（　　　）。

（A）光滑 　　　　（B）松弛 　　　　（C）随意

3. 空心卷要按头部（　　　）排列。

（A）曲线 　　　　（B）头发生长方向 　　　　（C）随意

4. 将每片发片向（　　　）方向做发卷。

（A）不同 　　　　（B）同一 　　　　（C）相反

5. 吹风机与发片保持约（　　）的距离。

（A）10厘米 　　　　（B）20厘米 　　　　（C）30厘米

6. 制作波纹时，每个区域的方向（　　　）。

（A）相同 　　　　（B）不同 　　　　（C）随意

二、判断题

1. 做空心卷时将头发分为三七界和侧发区。 （   ）

2. 每个区域取不等量的发片，将发片向后侧平行旋转。 （   ）

3. 用发夹固定每个空心卷。 （   ）

4. 将整头发片分成相近的间、块、面。 （   ）

5. 将每区发片向不同方向做发卷，用小钢夹固定。 （   ）

6. 波浪间的连接不重要。 （   ）

三、综合运用题

请分析填写图5-4所示的几款发型使用了哪些波纹技术，并尝试操作。

（1） （2） （3）

▲ 图5-4　波纹造型完成图（图片来源于omc大赛）

模块三

现代盘发造型技术

项目六　扭编

知识目标

◎ 了解扭编在发式造型中的作用。

◎ 了解制作扭编的工具、用品。

◎ 了解扭编的不同造型及相应的制作手法。

能力目标

◎ 能利用所掌握的工具、用品进行扭编的制作。

素质目标

◎ 手指与手腕灵活、协调性好。

◎ 制作过程中姿态正确。

◎ 耐心、专注、细心。

知识准备

一、编织的分类

编织根据所分的份（股）数分为：单股辫、双股辫、三股辫、多股辫、续辫等。

二、股

在编织时需要对发束进行分份，一份为一股。

三、压

在进行编织操作时，将第一股放在第二股上面叫压。

四、续

将一股加到另一股中叫续。

任务一　单股扭丝

任务描述

掌握扭编的制作工具和用品；掌握扭编的步骤和要求。

用具准备

尖尾梳、发胶、发油。

实训场地

美发实训室。

技能要求

掌握扭编的手法。

在盘发中可经常使用扭编的技巧，因为扭转后可拉扯出乱中有序的纹理，从而使造型自然、轻松、丰盈。

单股扭丝（图6-1）。

单股扭丝技巧

（1）取一股长发片（发条），发条自然下垂，喷上发油，梳理通顺。

（2）右手拉住发尾，左手指向右侧扭转。力度适中，不宜过紧或过松。

操作技巧：发条要足够长。

（3）右手根据扭转的纹理，拉出部分发丝。

（4）在扭丝的左右都拉出一定量的发丝，循序渐进、高低起伏、乱中有序。

操作技巧：右手轻拉发尾，左手轻轻拉动发丝。

（5）依次拉出发丝。

（6）拉出的发丝要求高、低、粗、细互相交错。

操作技巧：右手轻拉住发尾，不让扭转后的发条松动。

（7）接近发尾时，收小拉丝量。

（8）发尾用手指搓揉后喷上发胶固定。

操作技巧：把发尾处的剩余发丝喷上发胶，让其互相粘连。

（9）完成后的效果。

操作技巧：完成后，拉出的发丝围绕中间的扭丝发条旋转。

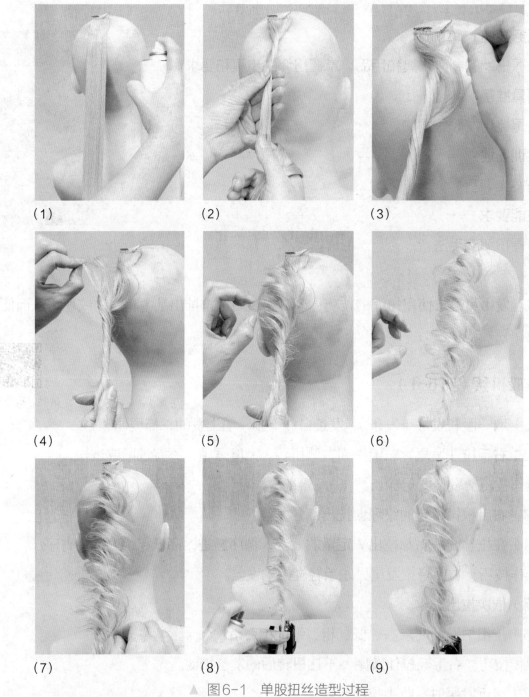

(1)　　　　　　　(2)　　　　　　　(3)

(4)　　　　　　　(5)　　　　　　　(6)

(7)　　　　　　　(8)　　　　　　　(9)

▲ 图6-1　单股扭丝造型过程

盘发造型

表6-1 单股扭丝任务评价表

项 目	评 价	
	是	否
发型有动感	☐	☐
一手拉住发尾，另一手指向一侧扭转	☐	☐
用大拇指、食指根据扭转的纹理，拉出发丝	☐	☐
越接近发尾处，拉丝的纹理要越小	☐	☐
拉出发丝的纹理效果，要高、低、粗、细互相交替	☐	☐
用手指搓揉发尾后喷上发胶	☐	☐
发丝纹理围绕中间的扭丝发条旋转	☐	☐

任务二　双股扭丝

任务描述

掌握制作双股扭丝的工具和用品；掌握制作双股扭丝的步骤和要求。

用具准备

尖尾梳、发胶、发油。

实训场地

美发实训室。

技能要求

掌握双股扭丝的制作手法。

双股扭丝的纹理更清晰，造型更丰富、细致、精巧。

双股扭丝（图6-2）。

（1）长发片平均分出两股。

（2）双手同时向右搓动发条，然后把右侧发片拉向左，左侧发片拉向右，两股发片互相缠绕。

操作技巧：拉住发条不让其松动，双手用力均匀，同时同向旋转。

（3）缠绕两圈后，从第一股边沿拉出右侧发丝。

（4）缠绕后拉出左侧发丝。

操作技巧：右手分别控制两股发条，避免发条松动。

（5）依次向下缠绕，拉出右边发丝。

（6）依次拉出左边发丝。

操作技巧：用拇指和食指指尖均匀拉出发丝。

（7）结束后左手拉住发尾，把整根拉好的发条喷上发胶定型。

（8）完成后的拉丝部分上大下小，排序规则。

操作技巧：发尾用手指搓揉或逆梳后喷发胶固定。

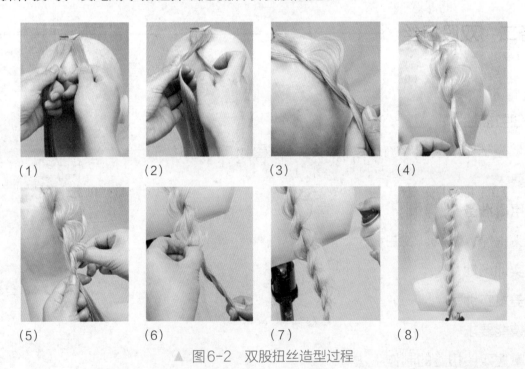

（1）　　　　　（2）　　　　　（3）　　　　　（4）

（5）　　　　　（6）　　　　　（7）　　　　　（8）

▲ 图6-2 双股扭丝造型过程

任务评价（表6-2）

表6-2　双股扭丝任务评价表

项　　目	评　价	
	是	否
发条平均分出两股	☐	☐
双手同时将两股发条向右扭搓，并互相缠绕	☐	☐
用大拇指、食指根据扭转的纹理，在两股发条上拉出发丝纹理	☐	☐
越接近发尾处，拉丝的纹理要越小	☐	☐
拉出的发丝纹理轻薄、均匀、通透	☐	☐
用手指搓揉发尾后喷上发胶固定	☐	☐

任务三　二股续辫（鱼骨辫）

任务描述

掌握制作二股续辫基本的工具和用品；掌握制作二股续辫的步骤和要求。

用具准备

尖尾梳、发胶、皮筋、发夹、发油。

实训场地

美发实训室。

技能要求

掌握制作二股续辫的手法。

　　编织在盘发造型中是最常用的，也是传统的技法之一，由二股、三股、四股等多股编织而成。二股续辫也称鱼骨辫。续辫是在传统技艺基础上的再创新，造型更加活泼、时尚。

二股续辫（鱼骨辫）（图6-3）。

（1）将前额区发片斜着向后梳理。

（2）用左手控制发尾，右手指将前额发片向前提拉出自然纹理。

操作技巧：制造头顶蓬松效果。

（3）将发片分出三股，2压1、3压2，并把3续入2当中，左右互相交替叠加。

（4）集中在一起后，再拉出少许发量跟随下一份继续编织。4压3、5压4，并以此类推。

操作技巧：在发片叠加时，将上一发片中取出少量头发加入下一份发片中，手中始终是两股。

（5）余下的发尾，左右各分出小股，交替编织。

（6）直至发尾。

操作技巧：分出叠加的发股越多，表面的发辫造型越细腻。

（7）发尾用尖尾梳逆梳。

（8）拉松编好的发辫。

操作技巧：发尾逆梳后喷发胶固定。

（9）将发尾向内收至发际线处用发夹固定。

（10）完成后的效果。

操作技巧：发夹不外露。

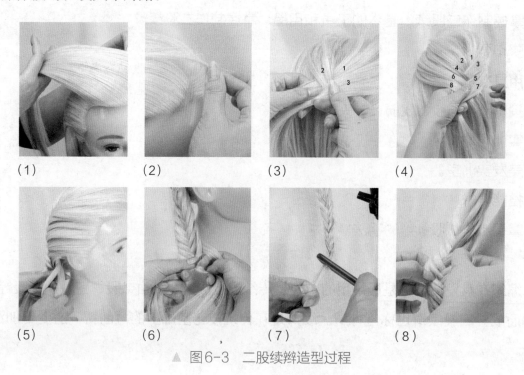

（1）　　　　　（2）　　　　　（3）　　　　　（4）

（5）　　　　　（6）　　　　　（7）　　　　　（8）

▲ 图6-3　二股续辫造型过程

（9）　　　　　（10）

▲ 图6-3　二股续辫造型过程（续）

任务评价（表6-3）

表6-3　二股续辫（鱼骨辫）任务评价表

项　　目	评　价	
	是	否
将前额区头发斜向后梳理	☐	☐
2压1、3压2，左右互相交替叠加	☐	☐
起始发片分出三股	☐	☐
发尾部分左右各分出小股交替编织	☐	☐
发辫表面细腻	☐	☐
发尾逆梳后喷发胶固定	☐	☐

任务四　三股单丝

任务描述

掌握制作三股单丝的工具和用品；掌握制作三股单丝的步骤和要求。

用具准备

尖尾梳、发胶。

实训场地

美发实训室。

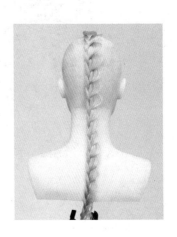

技能要求

掌握制作三股单丝的制作手法。

三股单丝是将发片进行三股辫编织，每编一次将一侧凸出部分拉丝。三股单丝的纹理造型更清晰，配合盘发后造型细致精巧。

三股单丝（图6-4）。

（1）取一长发片，发片自然下垂，将发片梳顺。

（2）将发片平均分成三股。

操作技巧：用密齿的尖尾梳梳理头发。

（3）编至四股左右。

（4）左手控制发束，右手开始拉松右边的发丝。

操作技巧：在右手进行拉丝时，左手控制发束不让发丝松动。

（5）依次向下拉松发丝。

（6）继续编织，拉松右侧发丝。

操作技巧：拉松的发丝均匀展开。

（7）越向下，拉出的发丝环越小。

（8）揉搓发尾，喷胶固定。

操作技巧：控制发束尾部，使其不易松散。

（9）结束后的效果。

操作技巧：完成后拉出的单侧发丝如蕾丝花边般轻盈。

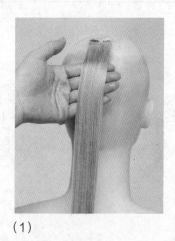

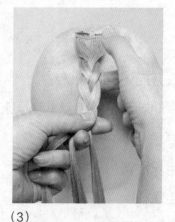

(1)　　　　　　　(2)　　　　　　　(3)

▲ 图6-4 三股单丝造型过程

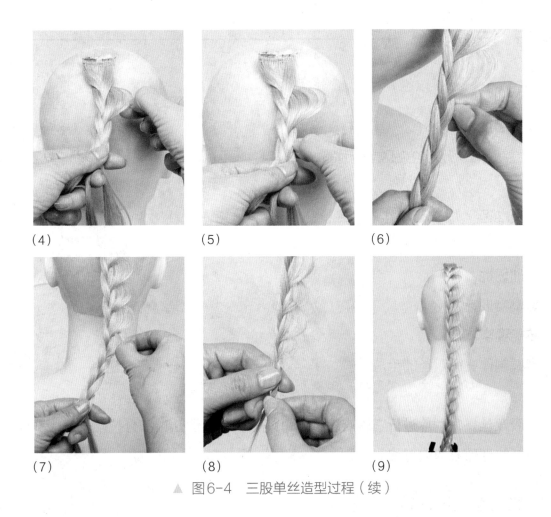

(4) (5) (6)

(7) (8) (9)

▲ 图6-4 三股单丝造型过程（续）

任务评价（表6-4）

表6-4 三股单丝任务评价表

项　目	评　价	
	是	否
将发片平均分成三股	☐	☐
编至四股左右，开始拉松右边的发丝	☐	☐
越接近发尾处，拉丝的环状纹理要越小	☐	☐
发尾逆梳后喷发胶固定	☐	☐
用大拇指、食指在发片上拉出发丝纹理	☐	☐

任务五　三股双丝

任务描述

掌握制作三股双丝的工具和用品；掌握制作三股双丝的步骤和要求。

用具准备

尖尾梳、发胶。

实训场地

美发实训室。

技能要求

掌握制作三股双丝的手法。

三股双丝是将发片进行三股辫编织，每编一次从两侧凸出部分拉丝。三股双丝的纹理清晰，纹理效果两边对称。

三股双丝（图6-5）。

（1）发片自然下垂，梳顺发片。

（2）将发片平均分成三股，运用1压2、3压1的技法编成三股辫。

操作技巧：在编三股辫时尽量编松，以便后面的操作。

（3）编至四股左右，开始拉松右边的发丝。

（4）再拉松左边的发丝。

操作技巧：均匀拉出左右发丝（一只手在操作拉丝的时候，另一只手要力度适中握住发辫，过松会使发辫造型松散，过紧会使拉丝困难）。

（5）拉出的发丝递进清晰。

（6）用手左右撕拉发丝，形成对称的蕾丝花边效果。

操作技巧：越至发尾部拉出的发丝环越小。

（7）结束后喷发胶固定。

（8）完成后的发辫上宽下窄，内紧外松，乱中有序。

操作技巧：完成后发辫左右对称。

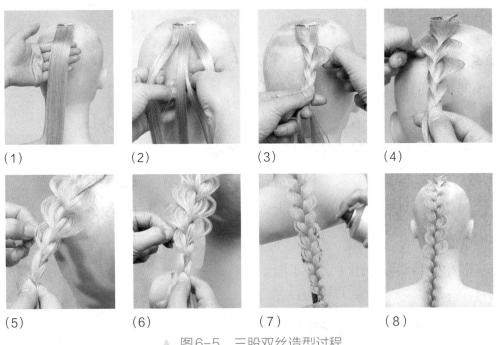

（1）　　　　　　（2）　　　　　　（3）　　　　　　（4）

（5）　　　　　　（6）　　　　　　（7）　　　　　　（8）

▲ 图6-5　三股双丝造型过程

任务评价（表6-5）

表6-5　三股双丝任务评价表

项　　目	评　　价	
	是	否
发片平均分成三股	□	□
1压2，3压1，左右互相交替叠加	□	□
左右拉出发丝，左右对称	□	□
喷发胶固定	□	□
发尾逆梳后喷发胶固定	□	□

项目回顾

1. 本项目主要介绍了扭、编、拉丝的制作方法。

2. 掌握并能够运用扭、编、拉丝制作单一发式造型。

课堂问答

一、单项选择题

1. 单股扭丝时要（　　）交替撕拉发条。

（A）左右　　　　　　（B）左　　　　　　（C）右

2. 二股续编时将刘海区头发向（　　）梳理。

（A）左侧　　　　　　（B）右侧　　　　　　（C）后

3. 二股续编时刘海部位用手将头发向（　　）提拉出自然线条。

（A）前　　　　　　（B）后　　　　　　（C）左

4. 三股单丝将头发分出（　　）股。

（A）两　　　　　　（B）三　　　　　　（C）四

5. 三股双丝（　　）手交替撕拉。

（A）左　　　　　　（B）右　　　　　　（C）左右

6. 双股扭丝用手将（　　）撕拉发条。

（A）两侧　　　　　　（B）一侧　　　　　　（C）一或两侧

7. 撕拉发条后发尾要喷（　　）固定。

（A）啫喱　　　　　　（B）发胶　　　　　　（C）其他

二、判断题

1. 单股扭丝要形成螺旋形拉丝。（　　　）

2. 单股扭丝要将发片向一侧旋转。（　　　）

3. 二股续编采用2压1、3压2的方法开头。（　　　）

4. 二股续编左右交替加股。（　　　）

5. 扭编结束后要喷发胶定型。（　　　）

6. 三股单丝每股拉丝大小不同。（　　　）

7. 发片分为三股采用1压3、2压1的技法编织成三股辫。（　　　）

8. 三股单丝边可左右拉出发丝。（　　　）

三、综合运用题

试分析、填写图6-6所示的发型分别使用了何种技法，并尝试制作。

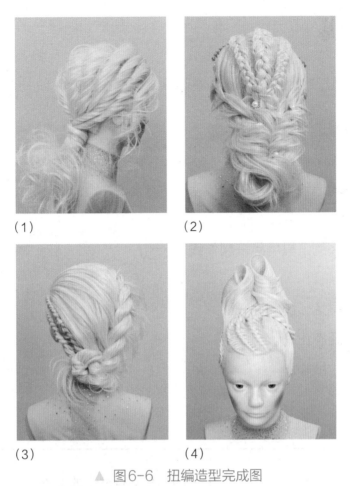

(1)   (2)

(3)   (4)

▲ 图6-6　扭编造型完成图

项目七　线

知识目标

◎ 了解线在盘发造型中的作用。

◎ 了解制作线的工具、用品。

◎ 了解线的不同造型和相应的制作手法。

能力目标

◎ 能利用所掌握的工具用品来制作线。

素质目标

◎ 手指与手腕灵活，协调性好。

◎ 制作过程中姿态正确。

◎ 耐心、专注、细心。

知识准备

在盘发造型中，线是配合片、卷的一个技巧。通过线的补充和连接，盘发作品更具动感、层次丰富、立体感强。

一、线的分类

线主要包括宇宙线、花线、S线。

二、梳理及拉发丝技巧

（1）用细尖尾梳从发片根部梳理到发片尾端，发油及饰发品涂抹要更均匀。

（2）用尖尾梳匀速梳理发片，使其具有清晰纹理。

（3）左右、前后交替拉出发丝。

任务一　宇宙线

任务描述

掌握制作两种宇宙线所需的工具、用品；掌握制作两种宇宙线的步骤、要求。

用具准备

尖尾梳、发胶、发夹、发油、发蜡。

实训场地

美发实训室。

技能要求

掌握两种宇宙线的制作手法。

宇宙线是围绕着一个主体，制作的高低、大小、宽窄不同层次的C线，可使造型立体并具有旋律感，在视觉上像行星运行轨迹的叠加。

一、宇宙线一（图7-1）。

宇宙线技巧

（1）取前额区头发扎马尾于中心偏右位置，从发片中分出一小股，下面的发片做卷筒固定。

（2）用小铝夹固定小股发片的根部。

操作技巧：留出可分出四小股发片的发量。

（3）将小股发片再平均分成四股（线）。

（4）取左手边一股发线。

操作技巧：用尖尾梳从根部开始分。

（5）将发线梳顺拉直。

（6）从根部开始喷发胶。

操作技巧：发线的反正面都应均匀喷发胶，使发线坚韧、挺实。

（7）喷发胶之后，用手指拉熨发线，使发线有力度。

（8）从发根至发梢用尖尾梳挑拉发丝，从而使发线形成的弧度饱满、有力。

操作技巧：在发胶还没完全干时，迅速从根部开始拉熨。

（9）以卷筒为轴心将发线制作为高出卷筒的拱形，把发尾用发夹固定在卷筒下面。

（10）用相同的方法完成第二股发线。第二股发线的弧度应大于第一股，从而形成层次感。

操作技巧：从发根部到发尾，发线制作有力度、挺实。

（11）用相同的方法完成四股发线。

（12）完成后的效果图。

操作技巧：发线形成的弧线应高低错落、起伏有层次。

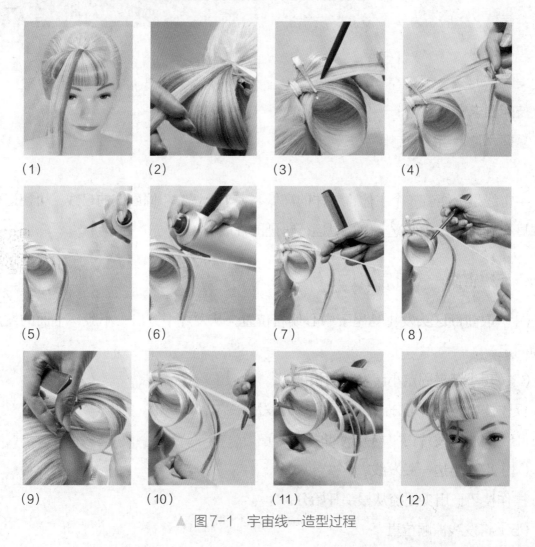

（1）　　　　（2）　　　　（3）　　　　（4）

（5）　　　　（6）　　　　（7）　　　　（8）

（9）　　　　（10）　　　　（11）　　　　（12）

▲ 图7-1　宇宙线一造型过程

二、宇宙线二（图7-2）。

（1）顶部分出U形发区，扎马尾。

（2）从根部到发尾均匀喷上发油。

操作技巧：在顶部扎马尾。

（3）用尖尾梳把头发梳理成中间厚两边薄的发片。

（4）用左手夹住发尾，固定在发根位置。

操作技巧：用尖尾梳从根部开始梳理发片。

（5）从中间部位开始向上提拉发丝。

（6）拉出的发丝高低不一，根据需要拉出发丝的高度。

操作技巧：发丝要高低错落。

（7）以第一片为参考，拉出第二片发丝。

（8）高度比第一片略低。

操作技巧：手指提拉发丝力度均匀。

（9）依次拉出第三片发丝，高度比第二片略低。

（10）以相同的方法依次拉出第四片发丝。

操作技巧：右手拉发丝时，左手拉发尾的力度放轻。

（11）另一侧以同样的方式拉出发丝。

（12）拉出的发丝高低薄厚与另一侧对称。

操作技巧：发线制作高低错落，起伏有层次，与另一侧对称。

（13）同样低于前一片。

（14）拉出最后一片。

操作技巧：发丝要高低错落。

（15）发尾向前推。

（16）用小铝夹将发尾固定在发根部位。

操作技巧：喷发胶帮助固定。

（17）完成后的效果图。

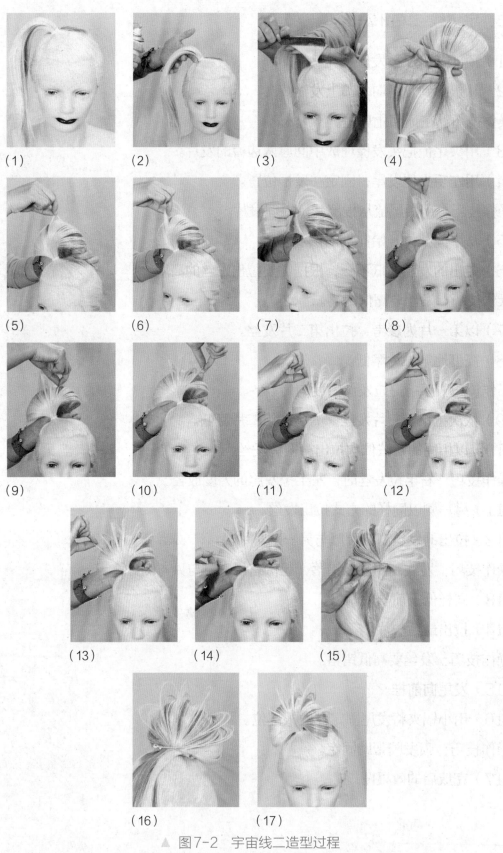

（1）　　　　　　（2）　　　　　　（3）　　　　　　（4）

（5）　　　　　　（6）　　　　　　（7）　　　　　　（8）

（9）　　　　　　（10）　　　　　　（11）　　　　　　（12）

（13）　　　　　　（14）　　　　　　（15）

（16）　　　　　　（17）

▲ 图7-2　宇宙线二造型过程

　　　　　　盘发造型

表7-1　宇宙线任务评价表

项　目	评　价	
	是	否
拉出的发丝高低不同, 错落有致	☐	☐
拉出的发丝厚薄有序而轻盈	☐	☐
用手指从根部开始拉熨	☐	☐
用手指拉出发丝	☐	☐

任务二　花线

任务描述

掌握制作花线所需的工具、用品；掌握制作花线的步骤、要求。

用具准备

尖尾梳、发胶、发夹、发蜡、发油。

实训场地

美发实训室。

技能要求

掌握花线的制作手法。

乱中有序的发线组合轮廓似花朵，因此称为花线。使用花线可使造型饱满而灵动，具有"空气感"。

花线（图7-3）。

（1）取前额区头发扎马尾。

（2）将足够量的发蜡放在手掌上。

操作技巧：双手将发蜡搓匀。

（3）用双手把发蜡揉开，把发片放在手掌上。

（4）从发片根部至发尾均匀涂抹发蜡。

操作技巧：从发根至发尾涂上足量的发蜡。

（5）涂抹后，用尖尾梳把发片梳顺，注意把发片上的发蜡梳均匀。

（6）喷上发油。

操作技巧：每一根发丝都应喷上足量的发油。

（7）再用细尖尾梳从根部至发尾梳通发片。

（8）梳理过程中，用左手指挑起发根。

操作技巧：用尖尾梳一次性梳通头发，使梳理后的每根发线纹理都很清晰。

（9）食指和中指夹住发中间部分并推向发片根部。

（10）用发夹将发片固定在发基上。

操作技巧：固定好后的发片呈水滴形。

（11）将发尾梳顺。

（12）发尾的反面也需梳理通顺。

操作技巧：梳理反面时，向上拉动手指夹住的部位，梳理后发片形成弧度。上下发片呈"8"字形，发丝纹理反向迂回。

（13）将发尾向下收到发夹处固定。

（14）用手指尖左右拉动发丝。

操作技巧：左右拉发丝时，应按照梳理的纹理拉。

（15）最后用喷发胶将发丝定型。

（16）完成后的效果图。

操作技巧：拉出的花线应根据需要设定高低、大小、粗细。

（1）

（2）

（3）

（4）

▲ 图7-3　花线造型过程

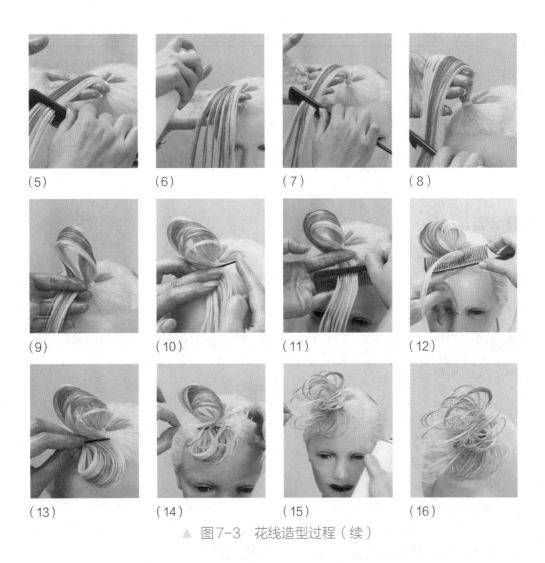

（5）　（6）　（7）　（8）

（9）　（10）　（11）　（12）

（13）　（14）　（15）　（16）

▲ 图7-3　花线造型过程（续）

任务评价（表7-2）

表7-2　花线任务评价表

项　　目	评　　价	
	是	否
发蜡用两手搓匀，从发根至发尾涂抹	☐	☐
每根发丝都喷上足量的发油	☐	☐
反复梳顺发片两面的发丝	☐	☐
左右不规则地拉动发丝	☐	☐
从各个角度喷发胶定型	☐	☐

任务描述

掌握制作S线所需的工具、用品；掌握制作S线的步骤、要求。

用具准备

尖尾梳、发胶、皮筋、发夹。

实训场地

美发实训室。

技能要求

掌握S线的制作手法。

用缠绕的卷发手法，制造出S形的发丝，使造型作品出现有延伸感、饱满、柔美的线条。

S线（图7-4）。

（1）根据需要取前额区头发，用皮筋靠右扎成发片。

（2）从发片中分出一小股发片。

操作技巧：以电卷棒的粗细选择分发束。

（3）拉出第一片，从发根至发尾喷上发胶。

（4）将发片缠绕在电卷棒上。

操作技巧：发片的正反面喷上足够量的发胶。

（5）从发根卷至发尾。

（6）卷后发片呈S形。

操作技巧：从根部到发尾都要形成S卷。

（7）用同样的方法，将所有的发片卷成S形。

（8）用左手拿起所有的卷后发片，喷上发油。

操作技巧：从发根到发尾，每一卷都应喷上足量的发油。

（9）拿起最上面的发片卷（发卷），喷上发油。

（10）用手指拉开发卷。

操作技巧：把喷了发胶后的发片卷用手指撕拉开。

（11）左手以90°向上提拉发卷，右手食指和大拇指在发片中挑出一小股发线，向发根处推。

（12）用同样的方法把这根发卷处理完。

操作技巧：右手挑的小股发线可根据效果位于发根、发中、发尾等不同的位置。

（13）最后用手指缠绕发尾将发尾带顺。

（14）用同样的方法处理每股发卷。

操作技巧：拉开后的发卷光泽、轻盈。

（15）最后喷胶定型。

（16）完成的效果图。

操作技巧：完成后的S线轻柔、飘逸、乱中有序。

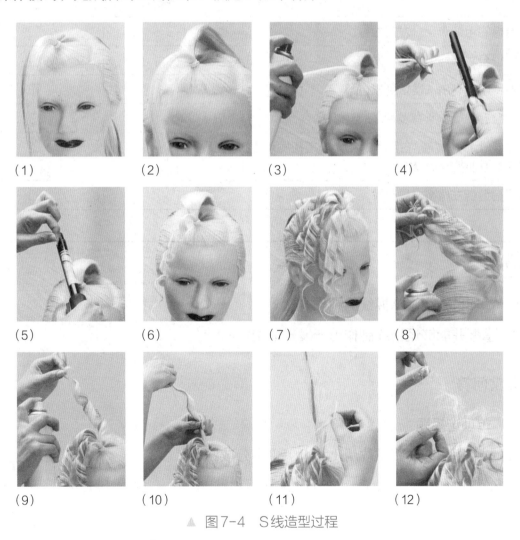

▲ 图7-4　S线造型过程

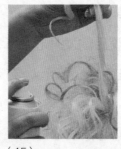

（13）　　　　　　（14）　　　　　　（15）　　　　　　（16）

▲ 图7-4　S线造型过程（续）

任务评价（表7-3）

表7-3　S线任务评价表

项　　目	评　价	
	是	否
以卷棒的粗细决定分发的发量	☐	☐
从发根至发尾均匀地喷上发胶	☐	☐
电卷棒用绕卷法从发根到发尾	☐	☐
左手拿起卷后的所有发片，喷上发油	☐	☐
90°向上提拉发卷，右手食指和大拇指在发片中部捏住小股发线，向发根处推	☐	☐
用手指缠绕发尾将发尾带顺	☐	☐

项目回顾

1. 本项目介绍了掌握线的制作方法。
2. 掌握并能够运用线制作单一发式造型。

课堂问答

一、单项选择题

1. 制作宇宙线时将发片用（　　　）平均分成四股。

（A）手　　　　　　　　（B）尖尾梳　　　　　　　（C）排骨梳

2. 制作花线时，由发根到发尾均匀涂抹（　　）。

（A）发胶　　　　　　　（B）发油　　　　　　　（C）发蜡

3. 制作S线时用电卷棒由（　　）至发尾卷发片。

（A）发根　　　　　　　（B）发中　　　　　　　（C）发尾

二、判断题

1. 发线二次补胶会使其更加坚硬。　　　　　　　　　　　　　　（　　）

2. 拉出的花线不用根据设计要求，可随意设计高低、大小、粗细。（　　）

3. 把喷了发胶后做卷的发线，用手指撕拉开，并向发根部推。　（　　）

三、综合运用题

请观察图7-5所示的发型，试分析、填写它们运用了哪些盘发技术，并尝试操作一下。

（1）　　　　　　　（2）　　　　　　　（3）　　　　　　　（4）

▲ 图7-5　线造型完成图（图片来源于omc大赛）

项目八 片

知识目标

◎ 了解发片在发式造型中的作用。

◎ 了解制作发片的工具、用品。

◎ 了解发片的不同造型及相应的制作手法。

能力目标

◎ 能利用所掌握的工具、用品来制作发片。

素质目标

◎ 手指与手腕灵活、协调性好。

◎ 制作过程中姿态正确。

◎ 耐心、专注、细心。

知识准备

盘发造型中，通过使用发片技巧，能体现出发型的方向感、层次感和灵动感。

一、发片

发片是盘发造型中应用最广、效果较好的一种技法。通过有效使用发片技巧，能提升发型的高度、延伸发型的宽度和提高发型的饱满度。

二、扎束

根据设计，将所需的头发用皮筋固定在需要的位置，形成马尾状，称为扎束。这束头发称为束。

（1）高马尾：根据设计需要扎束于颅顶区附近，发束扎成后与头皮大约成90°。

（2）中马尾：根据设计需要扎束于枕骨区附近。

（3）低马尾：根据设计需要扎束于颈背区，后发际线之上。

　　　　　　　　　盘发造型

任务一　斜立片

任务描述

掌握制作斜立片所需的工具、用品；掌握制作斜立片的步骤、要求。

用具准备

尖尾梳、发胶、皮筋、发夹。

实训场地

美发实训室。

技能要求

掌握斜立片的制作手法。

一侧与头皮成45°以上的发片称为斜立片，斜立片呈C形，另一侧边沿贴近头皮。根据需要，斜立片可设计在头部任何位置。斜立片能增强发型的饱满度及高度，斜立片可单独一片或多片形成组合。

斜立片（图8-1）。

斜立片技巧

（1）在颅顶区扎马尾，将发束分为三股。

（2）从右侧发片开始，左手夹住发片根部，将发片以C形梳顺。

操作技巧：分出三股发束中，第一股发束发量最少，第二股次之，第三股最多。操作时将发片梳理成C形。

（3）发根部位用小铝夹固定。

（4）从发根至发中部将发片拉宽。

操作技巧：每一束发片的根部都要用小铝夹固定，使发片根部呈片状。拉发片的力度要均匀，不能将发片拉散。

（5）利用尖尾梳把发片均匀地铺开。

（6）左手指尖向上，以指尖为中心旋转梳理发片。

操作技巧：铺发片时以左手为支撑，掌心向上。注意指尖部位的发片最薄。指尖部位的开口（弧度）小，手掌下面的开口（弧度）大。旋转时注意角度。

（7）用尖尾梳将发片梳理成弧线，发丝均匀铺开。

（8）在梳理好的部位喷上发胶。

操作技巧：手和尖尾梳相互配合。尖尾梳梳齿朝发根方向，平放在发片上，压梳使发片表面光滑通顺。喷发胶固定时，发胶喷嘴离发片大约20厘米。

（9）用压梳法按照弧线定型发片表面。

（10）拉起发片在发片背面喷上发胶。

操作技巧：喷上发胶后用梳子压梳发片表面最后定型。既让碎发服帖又使发片表面光滑有力。在发片背面喷发胶进一步固定，发片更不易散开。

（11）尖尾梳尾部紧贴发片内部从发根开始滑动。

（12）直至发尾。

操作技巧：用尖尾梳尾在发片内部滑动可使发片更坚实、有力，不易散开。

（13）将发尾推向发根。

（14）用小铝夹固定发尾，第一片结束。

操作技巧：将发尾推向发根时，发片与头皮成45°，发尾收小后固定。

（15）拉起第二片发片，发根错开第一片，露出第一片的边沿，用小铝夹固定。

（16）按照第一片发片的方向，从发根到发尾梳顺发片。

操作技巧：取第二片发片时应注意第一片的位置及高度，应相应错开一点以露出第一片的边沿及高低层次为标准。

（17）在发片下面做短逆梳。

（18）拉宽发片并将发片表面梳理顺滑，向上提拉发片的角度及高度要大于第一片。

操作技巧：因为第二片较第一片宽、大，所以需要短逆梳。短逆梳时力度轻柔距离短小，梳齿不露出表面。提拉发片时，角度要略高于第一片。

（19）指尖向后旋转发片，发片表面梳理光滑。

（20）喷发胶定型。

操作技巧：旋转发片时，注意旋转角度。发片成C形，并比第一片宽、大。

（21）将发尾固定在第一片发尾的位置。

（22）拉出第三片，根部用小铝夹固定在错开第二片的位置，使第一、二、三片有层次感。

操作技巧：将第二片发尾收小收紧。

（23）在第三片发片背面做短逆梳。

（24）将发片均匀铺开。

操作技巧：第三片的操作技法与第二片基本相同。第三片宽于第二片，与第一、第二片错开。

（25）往发片表面喷胶，定型。

（26）用尖尾梳压梳发片。

操作技巧：发片表面喷胶应均匀；用梳子梳压时按照弧线、上高下低进行定型。

（27）参照第二片的弧度及高度，梳理、放置。

（28）往第三片发片背面喷胶并梳理定型。

操作技巧：第三片要与第一、二片错落放置。注意第一、二、三片发根摆放角度，发片应递进外展。

（29）将发尾梳顺。

（30）喷胶后，用手指拉、熨，收小发尾。

操作技巧：最后，发尾部位收小收紧，并喷胶定型。

（31）发夹固定在第二片发尾位置。

（32）完成后的效果。

操作技巧：将第三片发片固定于第一、二片发片发尾处。

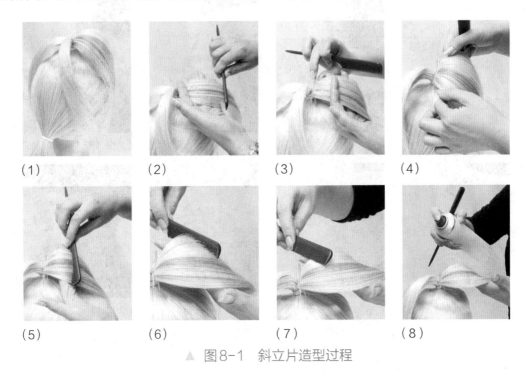

（1）　　　　　　　（2）　　　　　　　（3）　　　　　　　（4）

（5）　　　　　　　（6）　　　　　　　（7）　　　　　　　（8）

▲ 图8-1　斜立片造型过程

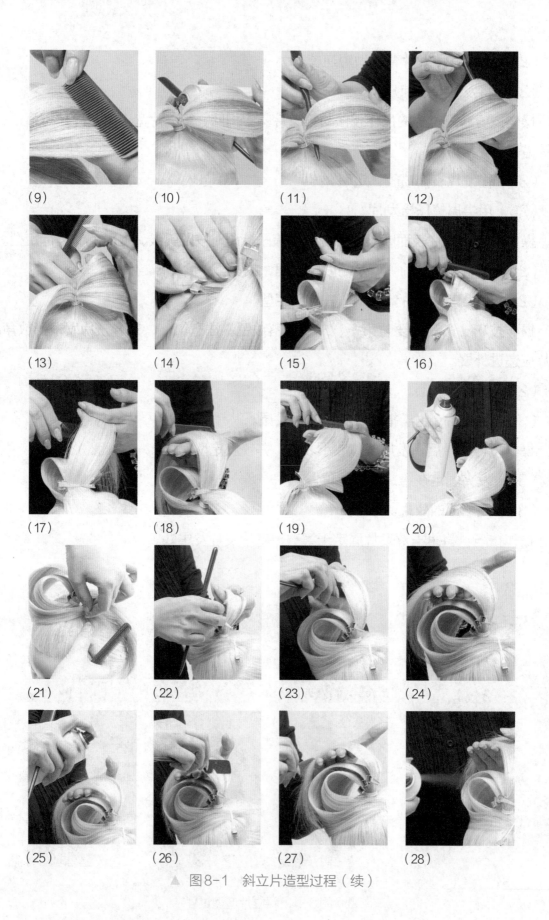

（9）　　　　　　（10）　　　　　　（11）　　　　　　（12）

（13）　　　　　　（14）　　　　　　（15）　　　　　　（16）

（17）　　　　　　（18）　　　　　　（19）　　　　　　（20）

（21）　　　　　　（22）　　　　　　（23）　　　　　　（24）

（25）　　　　　　（26）　　　　　　（27）　　　　　　（28）

▲ 图8-1　斜立片造型过程（续）

　　　　　　　　　　　盘发造型

（29）　　　　　　　（30）　　　　　　　（31）　　　　　　　（32）

▲ 图8-1　斜立片造型过程（续）

任务评价（表8-1）

表8-1　斜立片任务评价表

项　目	评　价	
	是	否
发片梳理后，中间厚两边薄	☐	☐
发片梳理角度在45°以上	☐	☐
梳子梳理发片的角度约45°	☐	☐
喷发胶时距离约20厘米	☐	☐
拉宽发片时缝隙的大小均匀	☐	☐
发片的弧度一致	☐	☐
下发夹下在发根部	☐	☐

任务二　立片

任务描述

掌握制作立片所需的工具、用品；掌握制作立片的步骤、要求。

用具准备

尖尾梳、发胶、皮筋、发夹。

实训场地

美发实训室。

技能要求

掌握制作立片的手法。

立片发片的最高点与头皮平行、根部直立，完成后上大下小呈水滴状。设计时常常将几片立片相互组合，用来增加发型的高度和灵动感，立片通常用于颅顶区。

立片（图8-2）。

（1）将前额区头发扎成马尾。

（2）将发束平均分成三股。以90°从根部向上拉出第一发片，把发片铺均匀，喷发胶定型。

操作技巧：根据发型需要决定扎马尾的位置。

（3）将发尾缩小，喷胶定型。

（4）将发尾向下弯曲形成自然的弧度。

操作技巧：发片坚挺有力，发尾收小。

（5）用尖尾梳在发中部位向上挑拉熨发片。

（6）用小铝发夹将发尾固定在发根部位。

操作技巧：挑拉熨发片中间的位置力度均匀、有力，左手配合向下拉住发尾；发尾和发根重合固定。

（7）取第二片发片，用小铝夹固定发根。

（8）以90°向上提拉发片，将发丝梳理均匀通顺，夹住发尾喷发胶定型。

操作技巧：注意与第一片的根部错开，发胶从根部喷至发尾。

（9）第二片发片与第一片发片操作相同，但高度要略高于第一片发片。

（10）用尖尾梳尾部向上拉熨最高点的弧度。

操作技巧：第二片的拱度要略高于第一片，位置与第一片应根据设计要求错开摆放。

（11）将发尾固定在发根处。

（12）第三片发片用小铝发夹固定发片根部。

操作技巧：固定发尾时，要注意发尾的碎发，并与第一片错开位置固定。

（13）由发根到发尾喷发胶定型。

（14）用手指向上提升拉熨发片。

操作技巧：用中指和食指向上拉熨发片。

（15）用尖尾梳尾部向上拉熨。

（16）将发尾向下弯曲，高于第二片。

操作技巧：第三片最高点的位置要与第一、二片错开。

（17）用小铝发夹将发尾固定于发根处。

（18）完成后的效果。

操作技巧：固定发尾时要考虑第二片的位置。

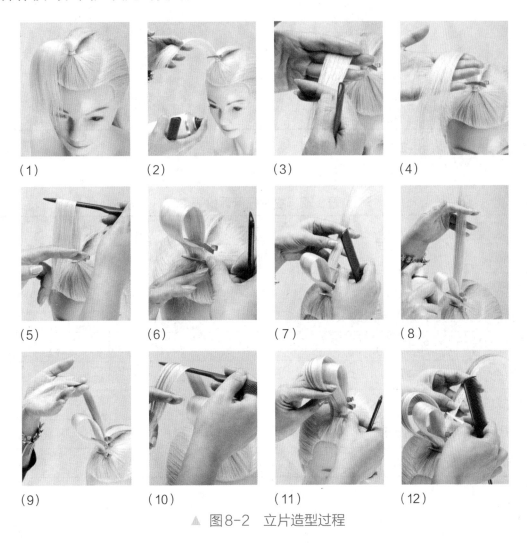

（1）　　　　　（2）　　　　　（3）　　　　　（4）

（5）　　　　　（6）　　　　　（7）　　　　　（8）

（9）　　　　　（10）　　　　　（11）　　　　　（12）

▲ 图8-2　立片造型过程

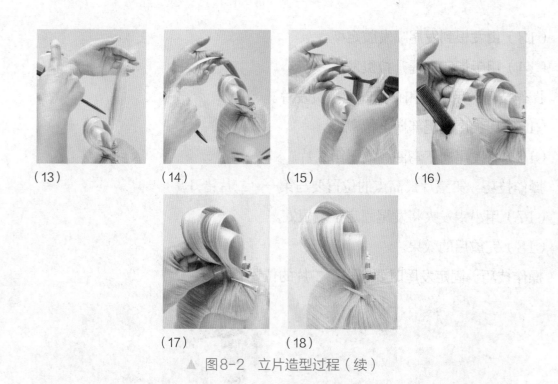

（13）　　　　（14）　　　　（15）　　　　（16）

（17）　　　　（18）

▲ 图8-2　立片造型过程（续）

任务评价（表8-2）

表8-2　立片任务评价表

项　　目	评　　价	
	是	否
集结适合发片的皮筋	☐	☐
喷发胶时距离约30厘米、角度约45°	☐	☐
每一片发片的拱度略相同	☐	☐
下铝夹的位置在发根部	☐	☐
逆梳技巧运用恰当	☐	☐
每一片发片的摆放位置错开	☐	☐
尖尾梳挑发片的位置在发片中间	☐	☐

任务三 卧片

任务描述

掌握制作卧片所需的工具、用品；掌握制作卧片的步骤、要求。

用具准备

尖尾梳、发胶、皮筋、发夹。

实训场地

美发实训室。

技能要求

掌握卧片的制作手法。

卧片：发片紧贴头皮向头部的一侧延伸并向上翻转。以多片错落有致摆放，常用于前额区的U形发区，使发型更舒展。

卧片（图8-3）。

（1）在前额U形区分出三股发片，靠近额头的发量多，靠近颅顶区的发量最少。

（2）拉出前额发片，手拉发片的方向与分区线平行。

操作技巧：分U形发区是根据要求斜向左或右，注意发片与头皮所成的角度。

（3）在发片表面轻微短逆梳。

（4）用手托住发片喷发胶。

操作技巧：第一片发片的表面采用短逆梳技巧，梳齿不透过发片另一面，使用尖尾梳压梳的方法把头发表面刮顺。

（5）用尖尾梳尾部刮压发片使发片紧实光滑，做完放下第一片备用。

（6）拉出第二片发片，错开第一片发片，向右侧梳理。

操作技巧：用尖尾梳从发根到发中刮压发片，不要梳到发尾。

（7）轻微逆梳后，将发片梳理光滑并喷发胶定型。

（8）用手指拉熨发片，使其紧实，放下备用。

操作技巧：从发根至发中部位用手指拉压熨发片，左手用力拉紧发片尾部。

（9）第三片发片错开第二片向右侧梳理，用短逆梳技巧，使发丝连接紧密，不易开裂。

（10）左手拉紧发片，随着尖尾梳的压熨，左手逐渐向上提拉发片。

操作技巧：三片发片依次向右错落排放；用尖尾梳尾部刮压发片时，左手拉紧发尾向上用力。

（11）转换手位，左手食指放在发片下面。

（12）使发尾翻转向上，向发尾及发片正反面喷发胶。

操作技巧：转换手位时动作要连贯；保持发片的完整连接，发胶使用要适量。

（13）左手翻起夹紧发片，并用尖尾梳尾反复压熨发片。

（14）用右手拉熨发尾片。

操作技巧：尖尾梳压熨发片时要从发根到发梢，并反复压熨发片的向上转弯处，最后换右手拉发尾。

（15）发中至发尾卧倒在头皮上，将发尾和发根部位重合，用小铝夹固定。

（16）再拉出第二片发片，用尖尾梳拉熨发中部位，向上翻转发片。

操作技巧：发中最宽、最圆润的部位要向前挺实有力，注意第二片发片与第三片发片的位置。

（17）将发片尾部与第三片发片尾部向右侧错落重合并固定。

（18）拉出前额第一片发片，喷发胶用尖尾梳拉熨发中，使其发尾向上。

操作技巧：注意三片发片的位置。

（19）翻转后用发胶定型。

（20）左手拉住发尾，右手用尖尾梳拉住发中，并将发片错落固定在第二发片上。

操作技巧：三片发片的摆放由小变大，由短变长，错落有致，有层次感。

（21）完成后的效果。

操作技巧：发片表面光滑，有层次感，由内向外递进外展。

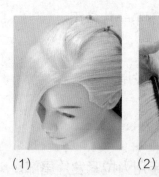  

（1）　　　　　（2）　　　　　（3）　　　　　（4）

▲ 图8-3　卧片造型过程

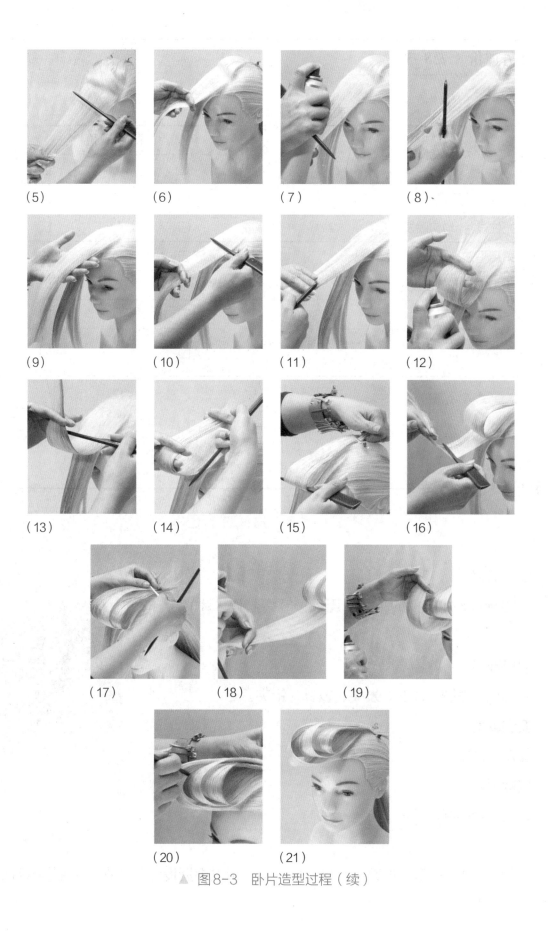

（5）　　　　　（6）　　　　　（7）　　　　　（8）

（9）　　　　　（10）　　　　　（11）　　　　　（12）

（13）　　　　　（14）　　　　　（15）　　　　　（16）

（17）　　　　　（18）　　　　　（19）

（20）　　　　　（21）

▲ 图8-3　卧片造型过程（续）

表8-3 卧片任务评价表

项　　目	评　　价	
	是	否
前额区发片分区呈U形	☐	☐
用手托住发片，均匀喷发胶	☐	☐
逆梳采用短逆梳技法	☐	☐
发尾用小铝夹固定在发根位置	☐	☐
梳理后的发片紧实光滑	☐	☐
发片之间要错开，距离约为上一片发片宽度的1/2	☐	☐

任务四　S片

任务描述

掌握制作S片所需的工具、用品；掌握制作S片的步骤、要求。

用具准备

尖尾梳、发胶、发油、发夹、发针、铝夹。

实训场地

美发实训室。

技能要求

掌握S片的制作手法。

S片可使盘发造型更加柔美，具有旋律感。可以根据设计和所在位置变换S片的方向、大小、弧度。

S片（图8-4）

"S"片技巧

（1）耳上点向上至转角点，斜向前至另一侧额角划一斜线分区，另一侧额角分区宽度为2~3厘米。

（2）滚梳贴在发际根部和颞部区，配合风筒吹出向前C形流向。

操作技巧：颞部区发根服帖、收紧。

（3）连接前侧点部位头发。

（4）将吹好的发根喷上发胶定型。

操作技巧：吹风完成部位发丝流畅、服帖头皮、发根向前C形流向。

（5）用发夹固定吹完的发根，左手夹住发片。

（6）喷上发油。

操作技巧：发油喷在发中至发尾。

（7）先把发丝梳理通顺，用尖尾梳贴近夹发片左手手指，梳进发丝，尖尾梳顶端顶在夹发片手指根部，右手大拇指在发片下端夹住发片，其他手指握住尖尾梳柄。

（8）以右手大拇指尖和尖尾梳为中心点顶端不动，右手拿尖尾梳向左旋转划动，每划动一次左手跟上右手，直至划动到所需要弧度。

操作技巧：划动梳理前发丝必须通顺，划动梳理的方法类似圆规划动，外圈大内圈小。

（9）正、反面喷上发胶定型。

（10）将梳理好的C形弧度发片向上翻，并拉高发片宽度，喷胶定型。

操作技巧：发片拉高部位用手指夹住后，喷胶完成后的C形弧度外圈凸起内圈凹陷。

操作技巧：向上翻转的C形弧度小于前一个弧度。

（11）梳理好下一个C形弧度的起点后喷胶定型，形成S线。

（12）将下一个C形发丝梳理通顺。

操作技巧：完成后的发片轮廓高低、大小起伏流畅，如浪花般具有旋律感。

（13）用同样划动的梳理方法，完成下一个向下C形弧度，发尾上翻固定。

（14）完成后的S片造型。

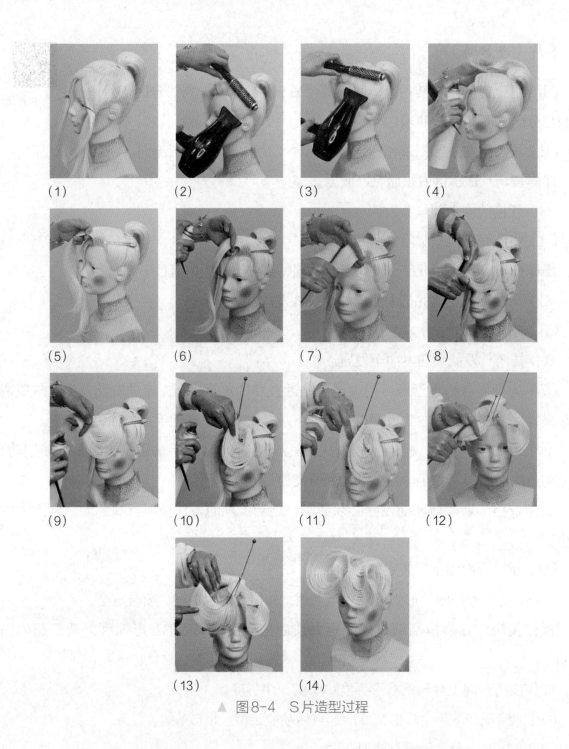

（1）　　　　　　（2）　　　　　　（3）　　　　　　（4）

（5）　　　　　　（6）　　　　　　（7）　　　　　　（8）

（9）　　　　　　（10）　　　　　　（11）　　　　　　（12）

（13）　　　　　　（14）

▲ 图8-4　S片造型过程

任务评价（表8-4）

表8-4　S片任务评价表

项　　目	评　　价	
	是	否
前额部分分圆形发区	☐	☐

项　　目	评　　价	
	是	否
尖尾梳梳齿垂直插入发片	☐	☐
以尖尾梳齿尖作为中心点, 旋转拉动发片	☐	☐
左手同样以旋转的方式跟随尖尾梳转动发片	☐	☐
双手梳理发片时, 须用手腕摆动	☐	☐
固定发片可用小铝夹	☐	☐
轮廓可有大、有小, 有高、有低	☐	☐
表面发丝纹理清晰、干净、流畅	☐	☐

项目回顾

1. 本项目主要介绍了斜立片、立片、卧片、S片的制作方法。

2. 掌握并能够运用斜立片、立片、卧片、S片制作单一发式造型。

课堂问答

一、单项选择题

1. 斜立片的发片一侧与头皮成（　　）以上倾斜，发片呈C形状态。

（A）120°　　　　　　　（B）90°　　　　　　　（C）45°

2. 做斜立片时，将扎起的发束分（　　）股。

（A）3　　　　　　　　（B）2　　　　　　　　（C）1

3. 梳理斜立片时发根部位用小铝夹固定，发片用（　　）技巧梳理。

（A）短逆梳　　　　　（B）长逆梳　　　　　（C）弹逆梳

4. （　　）片是立片的最佳组合数量，立片也可高低宽窄变化组合。

（A）3　　　　　　　　（B）2　　　　　　　　（C）1

5. 做好发片后要用（　　）固定发尾于发根处。

（A）小钢夹　　　　　（B）小铝夹　　　　　（C）U形夹

二、判断题

1. 做斜立片旋转发片时，应一边外形呈C形，并比前一片高大。　　　（　　）

2. 喷发胶要在发片表面左右移动。　　　（　　）

3. 制作斜立片的第二片时用与第一片不同的制作方法。 （　　）

4. 梳理斜立片时向上90°提拉发片，发丝梳理均匀光顺。 （　　）

5. 立片第二股发片要高于第一股发片。 （　　）

6. 卧片是尖尾梳挑发片的位置在发片中间，尖尾梳在发片上反复拉熨。 （　　）

三、综合运用题

观察图8-5所示的发型，试分析、填写各发型运用了哪些技法，并尝试操作。

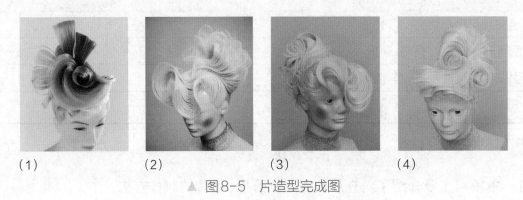

（1）　　　　（2）　　　　（3）　　　　（4）

▲ 图8-5　片造型完成图

项目九　卷

知识目标

◎ 了解卷在发式造型中的作用。

◎ 了解制作卷的工具、用品。

◎ 了解卷的不同造型及相应的制作手法。

能力目标

◎ 能利用所掌握的工具、用品来进行卷的制作。

素质目标

◎ 手指与手腕灵活、协调性好。

◎ 制作过程中姿态正确。

◎ 耐心、专注、细心。

知识准备

　　卷在盘发造型中是常用的一种技巧。卷的形式多变，既能有稳重、扎实之感，又能展现活跃、灵动、饱满的气质。既可延伸宽度，又可提升高度。卷与片、线组合后，发型更加丰富多彩。

一、短逆梳技巧及提拉发片角度

（1）从根部至发中短逆梳，使发片连接更紧密。

（2）发片的提拉角度要根据卷的不同造型而不同。

二、梳理发片及喷胶方法

（1）将逆梳后的发片均匀拉开，处理后的发片中间厚两边薄。

（2）发胶须从根部开始，均匀喷洒。

任务描述

掌握制作平卷所需的工具、用品；
掌握平卷制作的步骤、要求。

用具准备

尖尾梳、发胶、皮筋、发夹。

实训场地

美发实训室。

技能要求

掌握平卷的制作手法。

平卷扎实、饱满、挺实，整体的最高点在卷的中心部位。

平卷（图9-1）。

平卷技巧

（1）前额区的U形区扎一发束。

（2）用尖尾梳从发根至发尾进行短逆梳。

操作技巧：90°向上提拉发片。多次短逆梳，使发片不易开裂。

（3）把逆梳好的发片拉开，平铺在左手掌心，用尖尾梳把表面压梳光滑。

（4）从发根开始喷发胶，用一只手做依托保持发片完整连接。

操作技巧：从发根至发中压梳发丝。

（5）喷发胶后用尖尾梳把表面的短毛发压梳光滑。

（6）往发中部喷发胶。

操作技巧：压梳后的发片中间厚两边薄，发片的表面和下面的发丝连接紧实。发胶喷洒均匀。

（7）再次压梳发片表面发丝。

（8）发片表面定型好后，挑起发片向发片反面喷发胶定型。

操作技巧：发片的两侧只能喷少量的发胶。反面喷发胶可使发丝互相连接得更紧密、更牢固。

（9）向中间收拢发尾。

（10）发片形成扇面，轻微扭转发尾形成轻微收拢效果。

操作技巧：在收拢的部位喷发胶定型，可使发片尾部坚实有力。

（11）将收拢后的发尾推向发根部位。

（12）水平式下夹固定发尾于发束根部的发基部位。

操作技巧：收紧的发尾紧贴近发根部位。

（13）正面完成后的效果。

（14）后面完成后的效果。

操作技巧：完成后的平卷两侧边沿贴近头皮，卷的重心挺立。

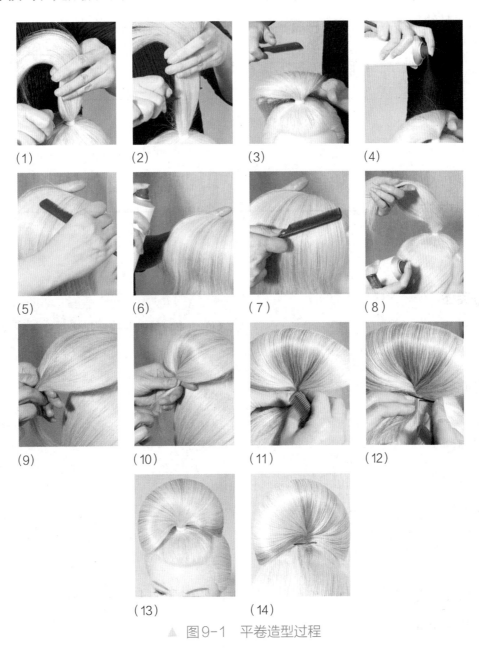

▲ 图9-1　平卷造型过程

表9-1 平卷任务评价表

项 目	评 价	
	是	否
短逆梳发片后,将发片平铺在掌心,并把发片表面压梳光滑	☐	☐
喷发胶由发根开始,并把表面的短毛发压梳光滑	☐	☐
以90°向上提拉发片,用短逆梳技法梳发片	☐	☐
在发片的反面喷上发胶定型	☐	☐
将发片梳理成圆弧形	☐	☐
将发片尾部轻微扭转,并往中间收拢	☐	☐
将发尾收拢到发根部位用平行下发夹方法,将其固定在发基上	☐	☐

任务二 立卷

任务描述

掌握制作立卷所需的工具、用品；掌握制作立卷的步骤、要求。

用具准备

尖尾梳、发胶、皮筋、发夹。

实训场地

美发实训室。

技能要求

掌握制作立卷的手法。

立卷是在盘发造型中增加高度的技巧。立卷的形状下大上小、斜向上，使用后造型"尖锐"、富有个性。

立卷（图9-2）。

（1）颅顶区分U形发区，用皮筋扎一个靠右的发束。

（2）从根部至发中用短逆梳梳理发束。

操作技巧：多次短逆梳可使发片更紧实，不易开裂。

（3）用手指将发片向两侧拉伸至贴近头皮。

（4）把发片表面梳理通顺，从根部开始喷发胶。

操作技巧：先把发丝均匀铺开，然后喷胶定型。

（5）用尖尾梳将发片表面梳理光顺，喷发胶定型。

（6）向一侧旋转，指尖向上，再用尖尾梳按照旋转的方向梳理定型。

操作技巧：身体及手一起转动，喷发胶后用尖尾梳压梳定型。

（7）发片定型之后，用右手收拢发尾。

（8）用左手提拉发片并向后扭转。

操作技巧：发片边沿的一侧贴近头皮。

（9）用左手中指和食指夹住发尾，用尖尾梳将发尾按照旋转方向梳顺。

（10）将发尾逐渐缩小缠绕于卷的下部，用小铝夹固定。

操作技巧：发尾是根据立卷的旋转方向固定。

（11）将发尾收藏在卷的根部，卷筒上窄下宽，呈牛角形。

（12）完成后的效果。

操作技巧：完成后的外轮廓线呈现出流畅的C形线。

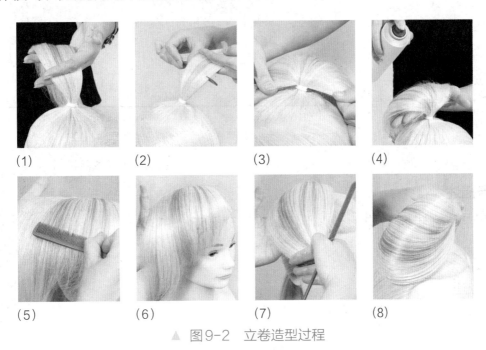

(1)　　　　(2)　　　　(3)　　　　(4)

(5)　　　　(6)　　　　(7)　　　　(8)

▲ 图9-2　立卷造型过程

（9）　　　　　（10）　　　　　（11）　　　　　（12）

▲ 图9-2　立卷造型过程（续）

任务评价（表9-2）

表9-2　立卷任务评价表

项　目	评　价	
	是	否
颅顶区分 U 形发区，并向右扎发束	☐	☐
用尖尾梳从发根至发尾，运用短逆梳技法	☐	☐
把发丝均匀铺开，再喷发胶，并将发片压梳光滑	☐	☐
由发根开始到发尾喷发胶	☐	☐
发片按照旋转的方向梳理并喷发胶定型	☐	☐
将发尾藏在卷的根部，卷筒上窄下宽，呈牛角形	☐	☐
操作完成后包发效果饱满、紧实、光滑	☐	☐

任务三　环卷（卷筒）

任务描述

掌握制作环卷所需的工具，用品；掌握环卷制作的步骤，要求。

用具准备

尖尾梳、发胶、皮筋、发夹。

实训场地

美发实训室。

技能要求

掌握制作环卷的手法。

环卷是传统的常用技巧。在制作环卷时应体现轻、薄、灵巧的效果。

环卷（图9-3）。

（1）颅顶区分U形发区，扎束。分出一小股发片，手指向上提拉发片的根部。

（2）从发根部位开始进行短逆梳。

操作技巧：短逆梳一两遍即可。

（3）短逆梳至发中。

（4）把发片拉开，表面发丝压梳光滑。

操作技巧：把发片均匀铺在手掌上。

（5）从发根至发中喷发胶。

（6）用尖尾梳在发片表面压梳光滑，定型至发尾。

操作技巧：发片均匀平铺在掌心，发片的两侧轻薄。

（7）将发尾集中在左手，在发片下面喷发胶，使发丝连接发片不易开裂。

（8）用尖尾梳尾部拉刮发片下面。

操作技巧：用尖尾梳尾部拉刮发片下面时，左手拉住发尾向下用力，梳尾用力向上挑压，使发片向下卷曲。

（9）左手中指食指夹住发尾，右手中指插入同时向内卷。

（10）卷好后，撤出右手中指。

操作技巧：发尾内卷停止的位置应根据设计卷筒的大小而定。

（11）把卷好的发尾推向发根部位。

（12）用小发夹以水平下夹法贴近发根固定发尾。

操作技巧：用水平下发夹法固定好发尾之后再撤手指。

（13）完成后的效果。

操作技巧：完成后的卷筒没有厚重感，轻盈饱满。

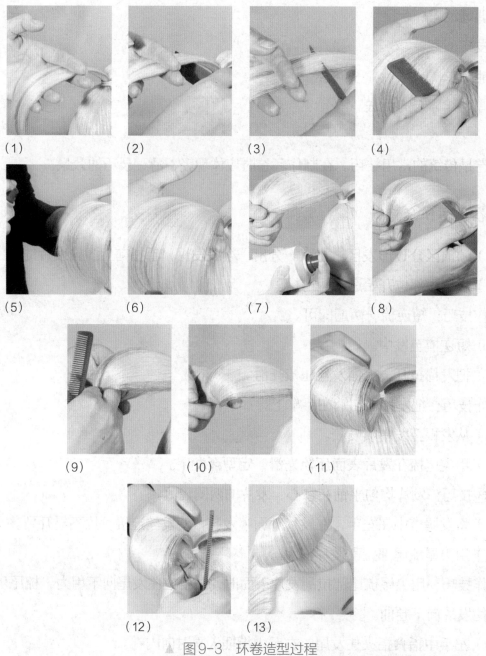

（1）　　　　　（2）　　　　　（3）　　　　　（4）

（5）　　　　　（6）　　　　　（7）　　　　　（8）

（9）　　　　　（10）　　　　　（11）

（12）　　　　　（13）

▲ 图9-3　环卷造型过程

任务评价（表9-3）

表9-3　环卷（卷筒）任务评价表

项　　目	评　　价	
	是	否
向上提拉发片的根部	□	□
在发片根部运用短逆梳技法	□	□

项　目	评　价	
	是	否
发片均匀平铺在掌心，发片两侧轻薄	☐	☐
尖尾梳在发片表面压梳，喷发胶定型至发尾	☐	☐
用尖尾梳尾部拉刮发片下面，一手拉住发尾向下用力，梳尾用力向上挑压	☐	☐
左手中指食指夹住发尾，右手中指插入，同时向内卷	☐	☐
发尾卷向发根部，并用发夹将发尾固定在发基上	☐	☐
包发效果饱满、光滑	☐	☐

任务四　蝴蝶卷

任务描述

掌握制作蝴蝶卷的工具、用品；掌握蝴蝶卷制作的步骤、要求。

用具准备

尖尾梳、发胶、皮筋、小发夹。

实训场地

美发实训室。

技能要求

掌握制作蝴蝶卷的手法。

蝴蝶卷：把环卷压扁，制作一对左右两侧对称的压扁卷筒，形如蝴蝶的翅膀。

蝴蝶卷（图9-4）。

（1）将前额区的头发于转角点扎束，平均分成两股发片。

（2）将左发片在内侧使用短逆梳梳理。

操作技巧：轻微短逆梳即可，发片向左侧提拉45°。

（3）将发片平铺均匀，将发片表面发丝压梳通顺。

（4）再从发根部开始喷发胶。

操作技巧：发片两侧轻薄。

（5）尖尾梳倾斜压梳头发表面。

（6）在发片下面喷发胶。

操作技巧：压梳定型至发尾。

（7）以尖尾梳梳尾为轴心向下把发尾推到发根部。

（8）用水平下发夹法固定发尾。

操作技巧：右手手指在根部拉住发尾，梳尾向外用力刮拉发片。完成后的发卷成扇形。

（9）用相同的方法把另一片发片做对称环卷。

（10）将余下发尾集中在两卷中间，将发尾向后包裹固定。

操作技巧：完成后的造型形如蝴蝶的翅膀。

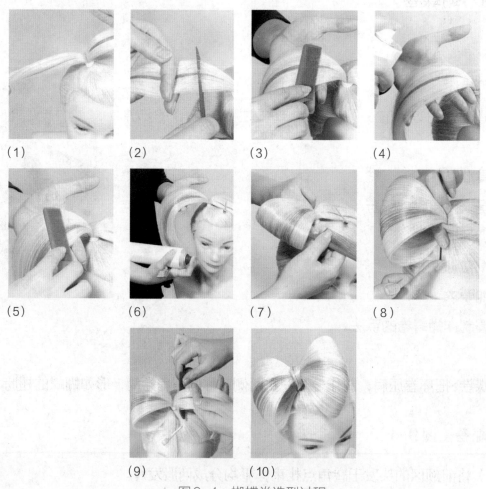

（1）　　　　　（2）　　　　　（3）　　　　　（4）

（5）　　　　　（6）　　　　　（7）　　　　　（8）

（9）　　　　　（10）

▲ 图9-4　蝴蝶卷造型过程

　　　　　　　　　　盘发造型

表9-4　蝴蝶卷任务评价表

项　目	评　价	
	是	否
将前额区头发于头转角点扎束	☐	☐
尖尾梳在发片内侧使用短逆梳	☐	☐
发片平铺均匀, 将发片表面发丝压梳通顺	☐	☐
发片下面喷发胶, 使其扎实、不易开裂	☐	☐
手和尖尾梳配合, 向下把发尾推到发根部	☐	☐
用水平下发夹法固定发尾, 完成后的发卷成扇形	☐	☐

任务五　玫瑰卷

任务描述

掌握制作玫瑰卷所需的工具、用品；掌握玫瑰卷制作的步骤、要求。

用具准备

尖尾梳、发胶、皮筋、发夹。

实训场地

美发实训室。

技能要求

掌握玫瑰卷的制作手法。

玫瑰卷是根据造型需要将一片或若干发片经过有秩序的穿插整理, 组合成如玫瑰花样的造型。玫瑰卷的特点是精致、灵动、可爱。

玫瑰卷（图9-5）。

（1）将颅顶区头发扎束，并分出四股发片。

（2）将第一束发片反面根部轻微短逆梳。

操作技巧：发束发量由内到外依次增多。

（3）将发片拉开铺均匀，把发片表面发丝梳理光滑。

（4）向梳理好的发片发根部位喷发胶定型。

操作技巧：托起发片的手指尖向上。

（5）用尖尾梳在发片表面压梳，使得发片薄厚均匀、发丝光滑。

（6）在发片反面喷胶。

操作技巧：反面喷胶可使发片连接紧密。

（7）喷胶后用尖尾梳尾部刮拉发片下面。

（8）左手指尖向上托住发片根部，右手拉住发尾向左后方旋转。

操作技巧：刮拉发片可使发片挺实不易开裂。

（9）旋转后的发片成缩小的立卷。

（10）将发卷直立摆放在马尾根部，用小铝夹固定。

操作技巧：完成后的卷心上口小下口大。

（11）将发中及发尾按照卷心的方向拉开后梳理通顺。

（12）梳理后喷发胶定型。

操作技巧：发尾梳理成碗状，外圈大，内圈贴近卷心下面。

（13）左手夹住发卷的接口处，右手中指和食指向外斜拉熨发片。

（14）处理好的发尾用小铝夹固定。

操作技巧：发卷向上的部位发丝轻薄，发尾收在发卷的发根处。

（15）将第二发片拉出，顺卷心的方向梳顺。

（16）右手指夹住梳理好的部位，用左手指向外拉动发丝。

操作技巧：发片梳理成弧形，发片外放、内收。

（17）发根用小铝夹固定，以第一片发卷为轴心，向外45°做花瓣式摆放，用左手指向外拉动发丝。

（18）发片内圈紧贴根部。

操作技巧：发片外圈长、内圈短，发片内收、外放，呈半月形。

（19）完成后发片内圈成弧形紧贴第一片发卷的花心根部。

（20）将发尾固定在第一片发尾的位置，喷上发胶。

操作技巧：第二片紧紧围绕第一发片旋转。

（21）喷胶后，左手拉住发根，右手指45°向外倾斜拉熨做好的发片。

（22）以120°拉出第三片发片。

操作技巧：手指均匀轻微拉熨发片，使发片定型后轻薄灵动。

（23）在发根部用小铝夹固定。

（24）右手捏住发根的小铝夹，左手拉发尾围绕第二片发片旋转。

操作技巧：第三片发片与第二片发片的旋转方向一致。

（25）左手夹住发根，用尖尾梳把发尾按照第二片的旋转方向梳理通顺。

（26）左手夹住发中，右手向上拉动外圈边沿发丝。

操作技巧：第三片发片的发根起始位置高于第二片发片，收发尾的位置低于第二片发片。

（27）拉出发片宽度。

（28）第三片发片是围绕第二片发片摆放。

操作技巧：发片内圈贴近发根处。

（29）用尖尾梳将余下发尾梳顺，发尾环绕发卷旋转。

（30）将发尾隐藏在"花瓣"下方。

操作技巧：第三片发片摆放要和第二片交错，形成层次感。

（31）向做好后发片喷发胶。

（32）用手指拉熨发片定型。

操作技巧：几个发片的摆放要错落有致。

（33）错开第三片发片，拉出并梳顺第四片发片。发根用小铝夹固定。

（34）用同样的方法，拉开、旋转发片。

操作技巧：第四片发片的根部要错开其他发片。

（35）注意与第三片错开。

（36）收拢第四片发片的发尾并固定在"花瓣"下。

操作技巧：发尾另外三片发片的发尾集中在一起，围绕根部旋转收紧。

（37）完成后的效果。

操作技巧：调整每片发片的位置后，方可撤掉小铝夹。

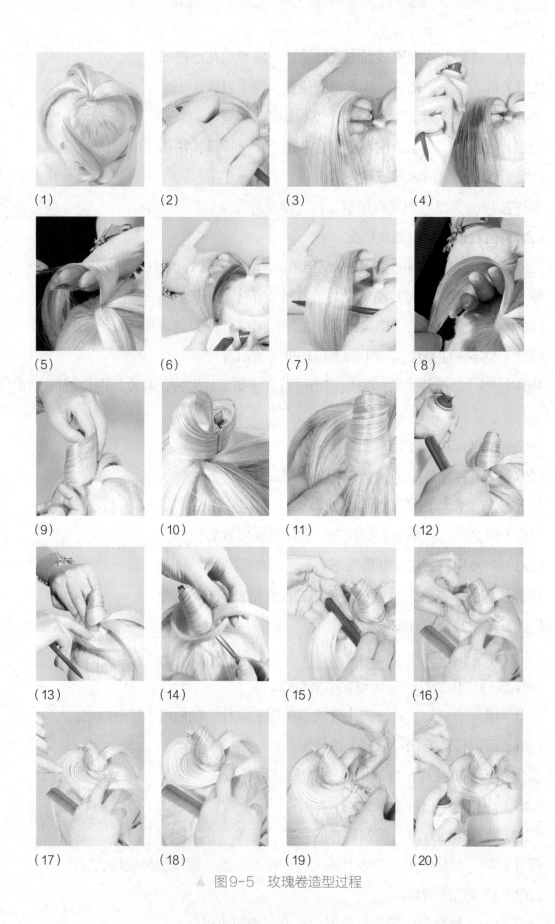

（1）　　　　　（2）　　　　　（3）　　　　　（4）

（5）　　　　　（6）　　　　　（7）　　　　　（8）

（9）　　　　　（10）　　　　　（11）　　　　　（12）

（13）　　　　　（14）　　　　　（15）　　　　　（16）

（17）　　　　　（18）　　　　　（19）　　　　　（20）

▲ 图9-5　玫瑰卷造型过程

　　　　　盘发造型

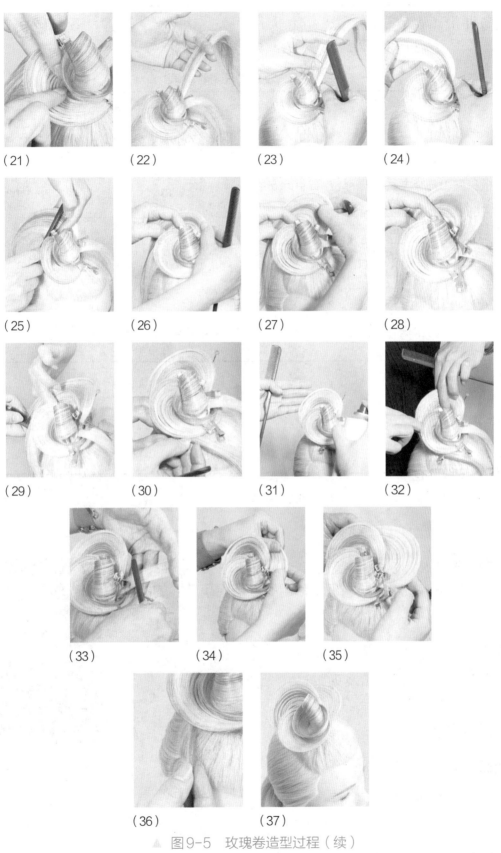

（21）　（22）　（23）　（24）

（25）　（26）　（27）　（28）

（29）　（30）　（31）　（32）

（33）　（34）　（35）

（36）　（37）

▲ 图9-5　玫瑰卷造型过程（续）

表9-5　玫瑰卷任务评价表

项　　目	评　价	
	是	否
发束扎于颅顶区, 分出四股发片	☐	☐
左手指尖向上托住发片发根部位, 右手向左后方旋转发尾	☐	☐
向后旋转、缩小发片, 成立卷	☐	☐
第二片发片以45°做花瓣式摆放, 用左手向外拉松发丝	☐	☐
左手向下拉住发根, 右手同时向下以45°倾斜拉熨发片	☐	☐
四片发片错落摆放	☐	☐

任务六　葫芦卷

任务描述

掌握制作葫芦卷所需要的工具和用品; 掌握葫芦卷的制作步骤和梳理手法。

用具准备

尖尾梳、发胶、皮筋、发夹。

实训场地

美发实训室。

技能要求

掌握梳理葫芦卷的技巧和要点。

葫芦卷外形类似葫芦, 由大、小两个卷组合成高低、大小起伏, 有层次感的饱满造型。

葫芦卷（图9-6）

（1）将颅顶区分出2个区，一为圆形发基，用皮筋固定发束。临近圆形发基的下面分出一2个厘米左右小发片。

（2）左手拉起发束，右手用尖尾梳将发片下面用短逆梳将发片展开推梳紧实。

操作技巧：反复用短逆梳技巧，直至推梳紧实不易开裂。

（3）用手将发片均匀拉开。

（4）发片表面展开，梳理光滑，喷胶定型。

操作技巧：展开的发片中间厚两边薄。

（5）喷胶后用尖尾梳压梳发片表面，使发片表面光滑流畅。

（6）拉起发片在逆梳的下面喷胶定型，使发丝连接紧密不易开裂。

操作技巧：压梳时尖尾梳倾斜于发片。

（7）将梳理好的发片前推至小发片根部。

（8）用发夹固定在小发片根部位置后，将卷两侧的边缘部位梳理轻薄光滑。

操作技巧：根据所需要卷的大小来固定发片的长度。

（9）发尾与小发片连接一起。

（10）混合一起后梳理通顺。

操作技巧：要无痕连接两个发片。

（11）混合后把发片拉开，喷胶，使碎发粘连、压紧。

（12）发片下面喷胶定型。

操作技巧：用尖尾梳把发片表面的碎发，压梳紧实。

（13）喷胶后用尖尾梳使发片根部展开。

（14）直至发中，压梳使表面光滑。

操作技巧：展开的发片中间厚两边薄。

（15）左手内卷，右手拉住卷的边缘。

（16）用左手指在里面压住卷边缘，用铝夹固定前侧。

操作技巧：前侧的卷口缩小、上扬。

（17）右手辅助卷，左手旋转内卷。

（18）两手配合上推，使后侧卷口边缘上扬后固定。

操作技巧：完成后，卷外侧轮廓成C形。

（19）拿掉中间固定的铝夹。

（20）卷两侧的发丝拉开、拉松，喷发胶定型。

操作技巧：两个卷中间用尖尾梳梳理光滑流畅。

（21）完成后的葫芦卷造型。

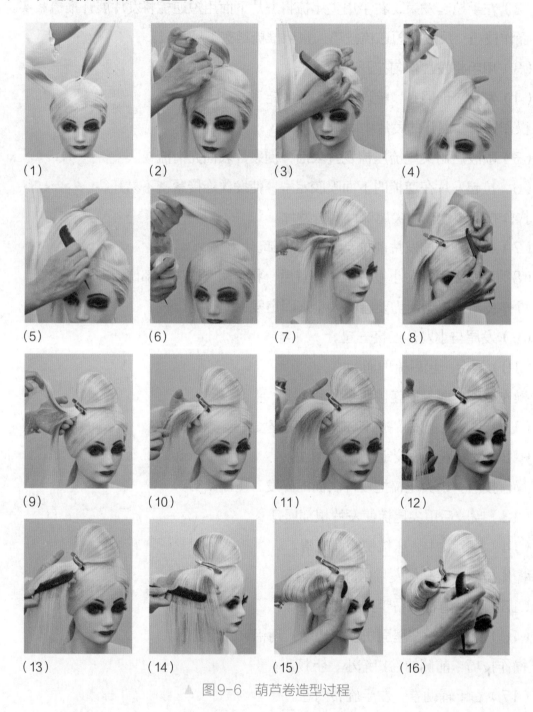

（1）　　　　　　（2）　　　　　　（3）　　　　　　（4）

（5）　　　　　　（6）　　　　　　（7）　　　　　　（8）

（9）　　　　　　（10）　　　　　　（11）　　　　　　（12）

（13）　　　　　　（14）　　　　　　（15）　　　　　　（16）

▲ 图9-6　葫芦卷造型过程

盘发造型

（17）　　　　　　（18）　　　　　　（19）

（20）　　　　　　（21）

▲ 图9-6　葫芦卷造型过程（续）

任务评价（表9-6）

表9-6　葫芦卷任务评价表

项　目	评　价	
	是	否
葫芦卷由两个大小不等的卷组合而成	☐	☐
分出一个大发片、一个小发片	☐	☐

任务七　卧卷

任务描述

了解制作、梳理卧卷的方法及所用的工具和用品；掌握卧卷的制作步骤及要求。

用具准备

尖尾梳、发胶、皮筋、发夹。

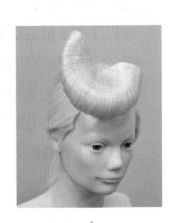

美发实训室。

技能要求

掌握梳理卧卷的技术要求及要点。

卧卷的造型是发根部位凹陷，发中、发尾部分内卷圆润饱满，两侧边缘卷口小且一侧扬起，卧卷具有高低起伏，线条流畅，饱满挺实的特点。

卧卷（图9-7）

卧卷技巧

（1）颅顶区分出大的U形分区，扎一马尾发束。

（2）发束根部前倾，拉住发束用尖尾梳向发根部进行短逆梳。

操作技巧：马尾发束需要大一些发量。

（3）逐渐向发中部逆梳。反复逆梳，直至压实、表面不易开裂。

（4）从根部将发束拉开，形成大一些的发片。

操作技巧：从发根部位就把发片拉开、拉大。拉开后的发片中间厚、两边薄。

（5）用尖尾梳将表面发丝压梳通顺、光滑。

（6）发片根部用两个发夹交叉固定。

操作技巧：发根部位用发夹固定是为了让发根部位凹陷。

（7）发片表面拉宽，梳理平顺后喷胶定型。

（8）用尖尾梳压梳将发丝压实，直至发尾。

操作技巧：发片以扇子的形状散开。

（9）将两侧发丝拉薄拉宽，发丝整理干净。

（10）发片下面喷胶定型。

操作技巧：发片下面喷胶定形是为了使发丝连接紧密，不易开裂。

（11）右手拉住发束边缘，左手内旋边缘，用铝夹固定发卷边缘。

（12）左手拉发片向后逐渐内旋，靠近另一侧卷边缘部位上扬。

操作技巧：卷的中间部拉长拉大。

（13）用发夹固定卷后整理边缘。

（14）上扬卷的边缘拉开梳理轻薄，喷胶定型。

操作技巧：卧卷外轮廓成C形。

（15）发尾收到根部，喷胶定型。

（16）完成后的卧卷造型。

操作技巧：完成后的卧卷内卷部位圆润、饱满。

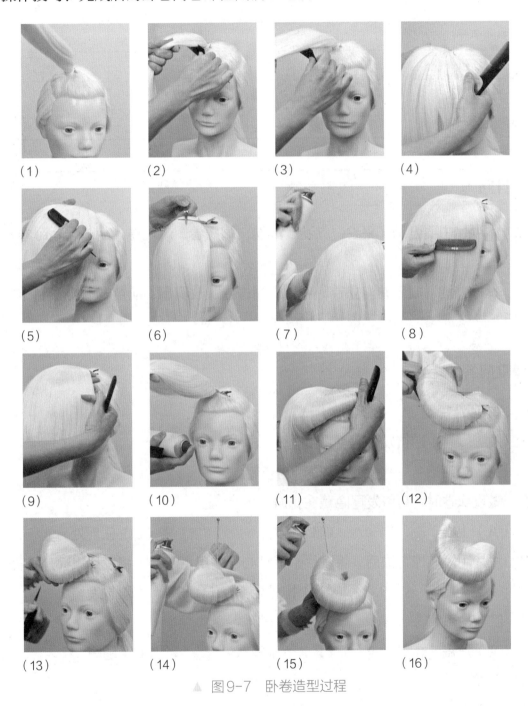

（1）　　　　　　（2）　　　　　　（3）　　　　　　（4）

（5）　　　　　　（6）　　　　　　（7）　　　　　　（8）

（9）　　　　　　（10）　　　　　　（11）　　　　　　（12）

（13）　　　　　　（14）　　　　　　（15）　　　　　　（16）

▲ 图9-7　卧卷造型过程

任务评价（表9-7）

表9-7　卧卷任务评价表

项　　目	评　价	
	是	否
卧卷的两侧卷口收小	☐	☐
卧卷根部压低	☐	☐
卧卷一侧卷口上扬	☐	☐
卧卷内旋	☐	☐

项目回顾

1. 本项目主要介绍了平卷、立卷、环卷、蝴蝶卷、玫瑰卷、葫芦卷、卧卷的制作方法。

2. 掌握并能运用平卷、立卷、环卷、蝴蝶卷、玫瑰卷、葫芦卷、卧卷制作单一发式造型。

课堂问答

一、单项选择题

1. 做蝴蝶卷，逆梳发片时可采用（　　）梳理。

　（A）短逆梳　　　　　　（B）长逆梳　　　　　　（C）弹逆梳

2. 做玫瑰卷时，可将发尾隐藏在花瓣（　　）。

　（A）上方　　　　　　（B）下方　　　　　　（C）任何处

3. 发片用短逆梳方法后，将发片平铺掌心，并用（　　）将发片表面压梳光滑。

　（A）尖尾梳　　　　　　（B）排骨梳　　　　　　（C）包发梳

4. 卧卷的根部（　　）。

　（A）压扁　　　　　　（B）不压扁　　　　　　（C）随意

二、判断题

1. 做立卷时，在颅顶区分出四片发片。　　　　　　　　　　　　　（　　）

2. 做蝴蝶卷时，用编织下发夹法固定发尾。　　　　　　　　　　　（　　）

3. 梳理发片时，发片要做到表面光滑、发丝流畅。　　　　　　　（　　）

4. 立卷也是平卷的一种。　　　　　　　　　　　　　　　　　（　　）

5. 卧卷一侧扬起。　　　　　　　　　　　　　　　　　　　　（　　）

6. 葫芦卷由两个大小不同的卷组成。　　　　　　　　　　　　　（　　）

三、综合运用题

观察图9-8所示的发型，试分析、填写它们用了何种盘发技术，并尝试操作。

（1）　　　　　　　　　（2）　　　　　　　　　（3）

（4）　　　　　　　　　（5）　　　　　　　　　（6）

▲ 图9-8　卷造型完成图

模块四
盘发造型设计

项目十　造型设计要素与应用

知识目标

◎ 了解设计要素在盘发设计中的作用。

◎ 了解盘发造型中各设计要素之间的相互组合运用。

◎ 了解怎样运用设计要素来设计完成所需风格的盘发造型。

能力目标

◎ 能运用所掌握的设计要素来设计和制作盘发造型。

素质目标

◎ 设计与制作时手脑合一、协调性好。

◎ 设计要素的有效灵活运用。

◎ 多听、多看、多学。

◎ 耐心、专注、细心。

知识准备

不论是专业的造型师还是欣赏者，面对一个盘发造型作品时，首先感觉到的是视觉上的冲击，即色彩、造型、纹理、空间、结构等设计要素。要体现美，发型设计中还需遵循一些设计的基本要素。合理搭配造型设计的基本要素，并且遵循造型设计的基本原理，将有助于提高作品的实用性、艺术性及观赏性。

在解构式盘发造型的设计要素中，会用到形、强调、比例、线条、均衡、色彩、质感、律动、统一9项设计要素。

任务一　形

任务描述

了解几何形状的基本种类；掌握"形"在盘发造型中的作用；掌握观察各种"形"

的步骤及组合要求。

用具准备

铅笔、橡皮、素描本、盘发作品照片。

实训场地

美发理论教室。

技能要求

能熟练地描绘造型轮廓形状。

一、形的概念

形即形状、形象，也就是事物外在的形体。简单说来，当一条线由点出发，"漫步"了一圈之后再回到原点，便形成了一个形。形是以线作为基础，组合片、面构成的三维空间形体。形在空间中依各种不同的视觉角度呈现出整体的连贯性，同时也反映出形体的结构性。

解构式盘发造型首先要注意造型与色彩的构成。在造型上，追求概括、简约造型的本质，将复杂的形进行简化后，回归到单纯的形。单纯的形免除了繁杂的装饰，呈现出自然而流畅的特质。

不同的形可以体现出不同风格。

（1）方（矩形）：规矩、工整、正直、稳定、威严、庄重。

（2）圆：圆满、柔顺、亲和、温婉、浪漫、甜美。

（3）三角：锋芒、犀利、突兀、前卫、另类。

形又可分为规则的形和不规则的形。规则的形，又称几何形，如常见的圆形、方形或立体的球形、方体和锥体。规则的形，常给人以整齐的、统一的、强烈的、机械的印象。而不规则的形，又称自由形，如自然界中未经人工雕琢的事物所展现的真实的形，给人以自由的、浪漫的、活泼的印象。

二、形的使用

根据设计需要，通过盘发的基本技巧如卷、片、线，使得发型的外轮廓形成所要求的形。

（1）方形：选择教习头的任意部位，将发型制作成方形轮廓。

（2）圆形：选择教习头的任意部位，将发型制作成圆形轮廓。

（3）三角形：选择教习头的任意部位，将发型制作成三角形轮廓。

三、形的要求

运用多种盘发技法，如短逆梳、长逆梳、卷、片、扭、辫、线，在教习头的15个点上，根据设计要求来完成规则的形和不规则的形。

四、案例分析

1. 方形轮廓（图10-1）

▲ 图10-1 方形轮廓要素与应用

2. 三角形轮廓（图10-2）

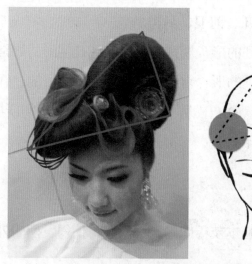

▲ 图10-2 三角形轮廓要素与应用

盘发造型

3. 圆形外轮廓（图10-3）

▲ 图10-3　圆形外轮廓要素与应用

任务评价（表10-1）

表10-1　形任务评价表

项　目	评　价	
	是	否
制成的圆形轮廓发型能体现饱满	☐	☐
制成的方形轮廓发型能体现个性	☐	☐
制成的三角形轮廓发型能体现张扬	☐	☐

任务二　强调

任务描述

了解设计元素强调在造型设计中的作用；会用不同的饰品来展现不同的风格；会用不同的盘发技巧所产生的纹理展现设计风格和个性。

用具准备

铅笔、橡皮、素描本、盘发作品照片。

实训场地

美发理论教室。

技能要求

能熟练、准确地将设计元素"强调"运用于造型设计。

一、强调的概念

一个发型作品，首先吸引人的地方通常是其最重要的部分，也就是创作者所要强调的内容。因此强调是设计要素之一，强调通常也被称为重点。

一个好的发型设计作品应遵循主次分明、强弱搭配的原则，从而体现设计意图的完整性和协调性。一个发型设计中最具视觉冲击力的部分为设计重点，其他部分都是为突出重点而存在的。在设计时可以选择的组合方式有 强、弱组合，强、次强、弱组合，强、弱、次强、弱组合等。

二、强调的应用

1. 突出重点的方法

（1）用假发，发片、丝带等不同材料突出设计重点。

（2）用卷、片、波纹、编辫等技巧突出设计重点。

（3）在七个区块用不同的纹理来展现设计重点。

2. 在头上的几个点上突出重点

（1）在顶点部位突出设计重点。

（2）在黄金点部位突出设计重点。

（3）在颈背点部位突出设计重点。

通过在头上两到三个点的组合设计，如大小、高低、纹理，来强调发型的重点。

三、案例分析

1. 强、弱组合

（1）以耳后点作为发型的重点（图10-4）。

▲ 图10-4　强、弱组合要素与应用（一）

（2）以转角点为发型的重点（图10-5）。

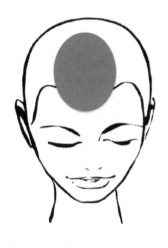

▲ 图10-5　强、弱组合要素与应用（二）

2. 强、次强、弱组合

以耳上点作为发型的重点（图10-6）。

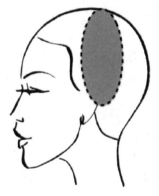

▲ 图10-6　强、次强、弱组合要素与应用

表10-2　强调任务评价表

项　　目	评　价	
	是	否
会用饰品、丝带在发型上突出重点	☐	☐
会用盘发技巧形成波纹突出重点	☐	☐
了解将顶点部位作为重点可以强调高度	☐	☐
了解将黄金点部位作为重点可突出脸形的立体感	☐	☐
了解将前侧点部位作为重点可使造型有个性	☐	☐
能合理利用黄金点、枕骨点、颈背点等的组合，使造型更立体	☐	☐

任务三　比例

任务描述

了解设计元素比例在造型设计中的作用；会利用黄金分割设计盘发造型。

用具准备

铅笔、橡皮、素描本、盘发作品照片。

实训场地

美发理论教室。

技能要求

能熟练、准确地将设计元素"比例"运用于发型设计。

一、比例的概念

比例是部分与整体之间的关系，是作品的大小、高低、宽窄、厚薄等的比较，是与造型最密切相关的设计要素。

黄金分割比

又称黄金分割率。公元前500余年前的毕达哥拉斯学派，从纵、横线的比例关系和数的量变关系中发现了黄金分割法。他们经过长期的研究、比较，发现：当长方形的长度与宽度比为1:1.618的时候最为理想，这就是所说的黄金分割，这个比值称为黄金比例。黄金比例被应用于设计、绘画、建筑等多个领域。

通过一定的比例表现作品的连贯性与节奏感，是创造立体构成稳定的重要方法。

二、比例的应用

1. 理想的面部比例均衡（图10-7）。

（1）发际至下巴分成三等分。

（2）发际至眼尾，眼尾至鼻下距离相等。

（3）鼻下至下唇，下唇至下巴距离相等。

（4）鼻翼、眼尾、眉尾的连线与水平线成45°。

（5）两眼眼珠内侧间的宽度是嘴的宽度。

2. 利用黄金分割

为了使得顾客的脸形在视觉上达到理想脸形，可以在设计发型时充分利用黄金分割。

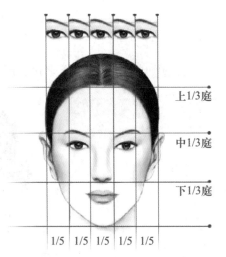

▲ 图10-7　面部比例均衡示意图

（1）利用卷、片、波纹、扭等技法形成黄金分割。

（2）在头部各个点设计发型形成黄金分割。

三、案例分析

1. 右前侧点部位的波纹与黄金点部位的造型形成黄金分割（图10-8）。

▲ 图10-8　黄金分割要素与应用（一）

2. 右前侧点部位的波纹及环卷与颈背区部位的造型形成黄金分割（图10-9）。

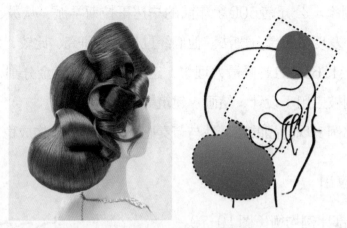

▲ 图10-9　黄金分割要素与应用（二）

3. 颅顶区与前额区之间的部位造型形成黄金分割（图10-10）。

▲ 图10-10　黄金分割要素与应用（三）

任务评价（表10-3）

表10-3　比例任务评价表

项　目	评　价	
	是	否
会用大小的比例来突出和谐美感	☐	☐
会用高低的比例来突出和谐美感	☐	☐
会用厚薄的比例来突出和谐美感	☐	☐
会用色彩的比例来突出和谐美感	☐	☐
会用纹理的比例来突出和谐美感	☐	☐

任务四　线条

任务描述

了解线的基本种类；掌握线在盘发造型中的运用；掌握制作线的步骤、要求。

用具准备

铅笔、橡皮、素描本、盘发作品照片。

实训场地

美发理论教室。

技能要求

能熟练、准确地将设计元素"线条"运用于发型设计。

一、线的概念

线由点的运动轨迹形成。因为点的运动轨迹极其丰富，所以线的形态也是多变的。在解构盘发造型中，线概括起来可分为直线、曲线两大类。其他各种形态的线几乎都可体现在这里，也可以由这两类进行扩展和变化而成。直线类包括垂直线、斜线、水平线、折线，曲线类又有几何曲线和自由曲线之分。

二、线的应用

在盘发设计中常用垂直线的有序排列造成节奏、律动美、挺拔的效果。斜线动感较强，合理使用斜线能打破呆板沉闷的感觉，从而达到静中有动，动静结合。曲线具有动感，给人以轻松、优雅、华丽的艺术效果。曲线具有现代、浪漫、自由的特征，并富有女性的气质。

利用各种盘发的基本技巧，在头部各个点上，根据设计要求完成发型外轮廓所需的形状。着重练习垂直线、斜线和曲线。

三、案例分析

1. 折线（图10-11）。

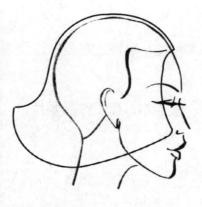

▲ 图10-11　折线要素与应用

2. 曲线（图10-12）。

▲ 图10-12　曲线要素与应用

3. 不规则曲线（图10-13）。

▲ 图10-13　不规则曲线要素与应用

盘发造型

表10-4 线条任务评价表

项 目	评 价	
	是	否
知道垂直线体现节奏、律动美，以及挺拔之感	☐	☐
知道斜线体现动感较强，能打破呆板、沉闷	☐	☐
知道曲线体现轻松、优雅、流畅、华丽之感	☐	☐

任务五 均衡

任务描述

了解均衡的概念；掌握均衡在盘发造型中的运用；能使用各种盘发技巧体现均衡。

用具准备

铅笔、橡皮、素描本、盘发作品照片。

实训场地

美发理论教室。

技能要求

能熟练、准确地将设计元素"均衡"运用于造型设计。

一、均衡的概念

均衡是指在视觉上所感受到的量的平衡感，而非实际可测量的量。这种视觉上的均衡，常使作品给人以秩序、稳定之感。形成均衡的状态，简单可分为对称的均衡与不对称的均衡。

1. 对称的均衡

对称的均衡是一种较为简易的均衡形式，常指左右、上下、对角线两端互相对应、相同、对称的形式，如人体外表就是左右对称（图10-14）。对称的均衡通常给人以规律、整齐、较为保守的感觉。

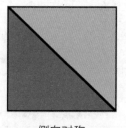
侧向对称

放射对称

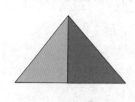
两边对称

左右对称

▲ 图10-14　对称的均衡

2. 不对称的均衡

不对称的均衡指图形的中线或两端并不相同，而利用色彩、造型、空间、体积等要素达到的均衡。例如，少数几个较大的图形摆放在一边，相对的另一边则放更多较小的图形来达到均衡，此时重量则与数量、大小、位置、色彩、形状既有区别又有关联。如图10-15所示。

▲ 图10-15　不对称的均衡

二、均衡的应用

1. 运用"均衡"设计盘发造型

（1）在头或教习头部的任意两个点上来体现左右、上下的对称的平衡。

（2）在头或教习头部的任意两个点上来体现左右、上下的不对称的平衡。

2. 表现"均衡"的途径

（1）利用头部某个点的造型大小、位置、形状来表现均衡。

（2）利用色彩与造型表现均衡。

（3）利用卷、片、波纹、扭等技法表现均衡。

三、案例分析

1. 中心点与侧部区

利用中心点的卷的厚度、高度与侧部区的S片的动感达到和谐、均衡的美感（图10-16）。

▲ 图10-16　中心点与侧部区均衡要素与应用

2. 上下结构造型

利用空间加强高度和宽度，使之达到和谐之美（图10-17）。

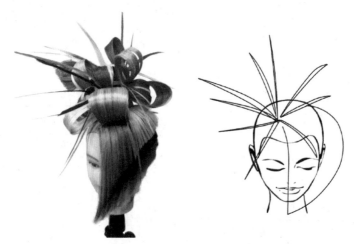

▲ 图10-17　上下结构造型均衡要素与应用

3. 利用虚实对比来表现均衡的美感（图10-18）。

▲ 图10-18　虚实对比均衡要素与应用

表10-5 均衡任务评价表

项　　目	评　　价	
	是	否
会用体积的大小、形状来体现对称的均衡和不对称的均衡	☐	☐
会用色彩的明暗度，来体现对称的均衡和不对称的均衡	☐	☐
会在头或教习头部体现对称的均衡和不对称的均衡	☐	☐
均衡在盘发设计中的运用与重点要和谐	☐	☐
均衡在盘发设计中的运用与比例要和谐	☐	☐

任务六　色彩

任务描述

了解色彩的概念；掌握色彩在盘发造型中的作用。

用具准备

水彩、水彩笔、调色板、素描本。

实训场地

美发理论教室。

技能要求

能运用三原色熟练、准确地调配色彩。

一、色彩的概念

色彩融入日常生活之中，在衣食住行各个方面都扮演着重要的角色。设计师对色彩的特性越了解，越有助于作品的表达。

色彩可分为无彩色和有彩色两大类。无彩色如黑、白，灰，有明暗对比，也称为色调。有色彩如红、黄、蓝，具备光谱上的某种或某些色相。有彩色表现复杂，可以用三组特征值来确定，一是彩度，也就是色相；二是明暗，也就是明度；三是色强，也就是纯度。

1．红色

红色色感温暖，是一种对人刺激性很强的色。红色容易引人注意，也容易使人兴奋、激动、紧张、冲动，是一种容易造成人视觉疲劳的色。

（1）在红色中加入少量的黄色，会让人感到躁动不安。

（2）在红色中加入少量的蓝色，会让人感到文雅、柔和。

（3）在红色中加入少量的黑色，会让人感到厚重、朴实。

（4）在红色中加入少量的白色，会让人感到含蓄、羞涩、娇嫩。

2．黄色

黄色给人以扩张和不安宁的视觉印象。只要在纯黄色中混入少量的其他颜色，黄色的色相就会发生很大的变化。

（1）在黄色中加入少量的蓝色，会转化为鲜嫩的绿色，给人以平和的感觉。

（2）在黄色中加入少量的红色，则转化为橙色，给人以热情、温暖之感。

（3）在黄色中加入少量的黑色，则转化为橄榄绿，给人以成熟、随和之感。

（4）在黄色中加入少量的白色，给人以含蓄之感。

3．蓝色

蓝色是一种在淡化后还能保持较强个性的颜色。即使在蓝色中分别加入少量的红、黄、黑、橙、白等颜色，混合后的颜色仍然如蓝色一样给人以深远、平静之感。

4．绿色

绿色是具有黄色和蓝色两种成分的颜色。绿色给人以柔顺、恬静、满足、优美的感觉。

（1）在绿色中黄色的成分较多时，给人以活泼、友善的感觉。

（2）在绿色中加入少量的黑色，给人以庄重、老练、成熟的感觉。

（3）在绿色中加入少量的白色，给人以洁净、清爽、鲜嫩的感觉。

5．紫色

紫色的明度在所有有彩色中是最低的。紫色给人以沉闷、神秘的感觉。

（1）在紫色中红色的成分较多时，具有压抑感、威胁感。

（2）在紫色中加入少量的黑色，给人以沉闷、伤感、恐怖的感觉。

（3）在紫色中加入白色，给人以优雅、充满女性魅力的感觉。

6. 白色

给人以纯洁、快乐之感。

（1）在白色中混入少量的红色，给人以娇嫩、含蓄的感觉。

（2）在白色中混入少量的黄色，给人以甜美的印象。

（3）在白色中混入少量的蓝色，给人以清冷、洁净的感觉。

（4）在白色中混入少量的绿色，给人以稚嫩、柔和的感觉。

（5）在白色中混入少量的紫色，给人以优雅之感。

二、色温

色温指色彩给人冷暖的感觉，如红色、黄色、橙色为暖色调，容易使人产生温暖或兴奋的感觉，属于积极性色彩。而蓝、绿、紫色等为冷色调。如蓝色，容易使人产生冰凉沉静的感觉，属于消极性色彩。

红色常给人以热烈、喜庆、激情、危险的感觉。

橙色常给人以温暖、事物、友好、警示的感觉。

黄色常给人以艳丽、单纯、光明、温和、活泼的感觉。

绿色常给人以生命、安全、年轻、和平、新鲜的感觉。

青色常给人以信任、朝气、脱俗、真诚、清丽的感觉。

蓝色常给人以整洁、沉静、冷峻、稳定的感觉。

紫色常给人以浪漫、优雅、神秘、高贵的感觉。

白色常给人以纯洁、神圣、干净、高雅、单调的感觉。

灰色常给人以平凡、随意、宽容、苍老、冷漠的感觉。

黑色常给人以正统、严肃、沉重、恐怖的感觉。

三、案例分析

1. 渐变（图10-19）。在盘发造型中运用渐变技巧，给人以优雅、和谐、浪漫的感觉。

2. 对比（图10-20）。

3. 放射（图10-21）。在盘发造型中运用放射技巧，强调设计主体的位置。

▲ 图10-19 色彩渐变要素与应用　　▲ 图10-20 色彩对比要素与应用　　▲ 图10-21 色彩放射要素与应用

任务评价（表10-6）

表10-6　色彩任务评价表

项　　目	评　　价	
	是	否
知道暖色调给人以温暖或兴奋的感觉	□	□
知道冷色调给人以沉静的感觉	□	□
能运用色彩的对比, 来突显造型的重点	□	□
能运用色彩的渐变, 来突显造型的和谐	□	□

任务七　质感

任务描述

了解质感在盘发造型中的概念；掌握设计元素"质感"在结构盘发造型中的运用。

用具准备

铅笔、橡皮、素描本、盘发作品照片。

实训场地

美发理论教室。

技能要求

能熟练、准确地将设计元素"质感"运用于造型设计。

一、质感的概念

质感指对物质表面构造的感觉，如金属的坚硬、冰凉，布料的柔软、温暖、轻薄。

二、质感的应用

在盘发造型中，质感也称纹理，即头发表面的特征，是看得见摸得着的。对质感的观察也会受到光线的影响。在发型塑造中，质感有活动的、静止的，也有两者兼具的混合质感。

1. 静止的质感

静止的质感的特点是无论是直线或曲线都是不间断的，只有看见顶部头发时才能发现这种质感。

2. 活动的质感

当头发的发端暴露在外时，这种质感就是活动的质感。不连贯的线条使头发的表面变得粗糙。

3. 混合质感

有些发型结合使用了活动和静止两种质感。同一款发型，外圈头发的发端暴露在外，构成了活动的质感，内圈的头发光滑，构成了静止的质感。

三、案例分析

1. 静止的"I"形质感（图10-22）。

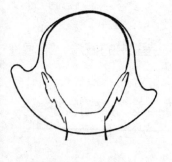

▲ 图10-22 "I"形质感要素与应用

2. 活动的"C"形质感（图10-23）。

▲ 图10-23 "C"形质感要素与应用

3. 静止的"S"形质感与混合质感组合（图10-24）。

▲ 图10-24 "S"形质感要素与应用

任务评价（表10-7）

表10-7 质感任务评价表

项 目	评 价	
	是	否
知道质感的三种分类	☐	☐
知道静止的质感的定义和应用	☐	☐
知道活动的质感的定义和应用	☐	☐
知道混合质感的定义和应用	☐	☐

任务八　律动

任务描述

了解设计元素"律动"在结构盘发造型的概念；掌握设计元素"律动"在结构盘发造型的运用。

用具准备

铅笔、橡皮、素描本、盘发作品照片。

实训场地

美发理论教室。

技能要求

能熟练、准确地将设计元素"律动"运用于造型设计。

一、律动的概念与应用

律动即动感的表现，通常与动作有关。在发型设计中，应产生律动。线条的变化可令人产生律动的联想，应用规律的线条变化，或以波浪般变化的粗细不同的曲线构成作品的效果（图10-25）。而所示的渐进改变的形，也可引导欣赏者视线移动，产生律动感（图10-26）。

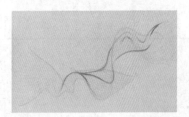

▲ 图10-25　线条律动

▲ 图10-26　渐进律动

二、案例分析

1. 在侧部区表现方向线条的律动感（图10-27）。

▲ 图10-27　线条律动要素与应用

2. 从中心点到鬓角点的不规则的发片表现律动感（图10-28）。

▲ 图10-28　渐进律动要素与应用（一）

3. 在前额区以轻盈、飘逸的发丝表现律动感（图10-29）。

▲ 图10-29　渐进律动要素与应用（二）

任务评价（表10-8）

表10-8　律动评价表

项　目	评　价	
	是	否
能用有色彩的线条在盘发造型中表现律动感	☐	☐
能用扭编的技巧表现发型的律动感	☐	☐
能用片的技巧表现发型中的律动感	☐	☐
能用片与波纹的组合技巧表现发型中的律动感	☐	☐
能用线的技巧表现发型中的律动感	☐	☐

任务九　统一

任务描述

了解统一在盘发造型中的概念；掌握统一在结构盘发造型中的运用。

用具准备

盘发作品照片。

实训场地

美发理论教室。

技能要求

能熟练、准确地将设计元素"统一"运用于造型设计。

一、统一的概念

统一与变化是构成发型美的基本原理，包括头发弹力和流向的统一与变化。变化与统一必须相互贯通、相互依存，在统一中求变化，在变化中实现统一，使发型更生动活泼。统一与变化是作品设计造型形式美的总法则。统一指形式的统一性、一致性和整体的和谐，变化指形式的不一致、差别和多样化。局部连成整体，分歧归于一致，这就是统一。整体发型制作后，有变化才能增加其趣味性。作品的造型如果缺乏必要的变化，会使人感到贫乏、单调。没有变化，就不能称其为艺术。艺术的微妙就在于变化，但过于追求变化，缺乏统一，则会杂乱无章，支离破碎，失去整体感。

二、统一的应用

在整体的搭配中没有任何一点令人感觉是多余的或不恰当的，但也不是完全相同或重复。各种元素的有机整合可使盘发作品丰富多彩有生气。一个作品如果太过一致，则会单调呆板、平淡无奇；而如果元素用得太多，则会显得杂乱无章，反而使各自的特色无法体现。所以变化和统一是共生的关系，合理运用各种设计元素的特点，使得盘发作品既有变化又有统一。变化与统一的度的掌握需要不断地练习和实践。

三、案例分析

1. 公仔头时尚盘发的变化与统一（图10-30）。

▲ 图10-30　统一要素与应用（一）

2. 创意化妆造型的变化与统一（图10-31）。

▲ 图10-31　统一要素与应用（二）

任务评价（表10-9）

表10-9　统一任务评价表

项　　目	评　　价	
	是	否
知道作品过于重复使用同一个技巧, 会显得呆板	☐	☐
知道设计元素使用过多, 会显得没有重点	☐	☐
了解各种设计元素的特点并能合理运用	☐	☐
盘发作品与妆型、服装达到统一	☐	☐

项目回顾

1. 本项目主要介绍了设计元素的概念。

2. 掌握并能运用设计元素制作、组合发式造型。

课堂问答

一、单项选择题

1. 设计元素"形"之中的方形，代表着（   ）。

  （A）前卫   （B）柔顺   （C）工整

2. 当欣赏某个发型作品时，首先吸引目光的是（   ）。

  （A）重点   （B）比例   （C）整体

3. 发型作品的部分与整体之间的关系，是属于设计元素（   ）讨论的范畴。

  （A）均衡   （B）比例   （C）色彩

4. 在盘发造型中，（   ）是头发的表面特征。

  （A）色彩   （B）质感   （C）线条

5. 线条的变化可令人产生（   ）的感觉。

  （A）统一   （B）线条   （C）律动

二、判断题

1. 造型要与化妆、服装、饰品达到和谐、统一。   （   ）

2. 在盘发造型中，用色彩来表现造型的动感。   （   ）

3. 在盘发造型中，用"S"形的纹理质感来体现造型的优雅与时尚。   （   ）

4. 设计元素色彩的三原色是红、黄、紫。   （   ）

5. 在盘发造型中可运用大小、高低、长短等来体现均衡对称。   （   ）

三、综合运用题

观察图10-32所示的发型，试分析、填写它们运用了哪些设计元素，并尝试操作。

（1）

（2）

（3）

（4）

▲ 图10-32 设计要素与应用造型完成图

附

一、盘发造型行为规范

1. 工具落地不能再给客人使用。

2. 不得站在顾客正前方进行操作，更不能在顾客前方走动。

3. 更换左右位置时，只能站在顾客左前方或右前方操作，更换位置时从顾客后方绕行。

4. 顾客头部向前向后向左向右摆动的幅度不能超过45°。

5. 在操作过程中头发不可长时间地遮挡顾客面部。

6. 在顾客前区喷水或使用造型喷雾时，应用手遮挡顾客面部，避免顾客面部被水或造型喷雾打湿。

7. 操作过程中如有水溅在顾客面部、滴落在围布或地面时需及时擦拭干净。

8. 剪发完成后，需要及时清扫地面头发并将头发倒入垃圾桶，否则不能开展染发、吹风或其他美发服务项目。

9. 清理碎发时要使用专业清理刷，不能使用毛巾。

10. 在开展美发服务时，不能让电线缠绕顾客。

11. 吹风机不能距离顾客头皮太近，吹风操作不能过于暴力。

12. 所有电器使用完成后要将电线缠绕好，冷却后放回工具车或操作台。

13. 拔出电器插头时需保持手部干燥（注意捏住插头而不是电线）。

14. 使用造型工具后（滚梳、排骨梳、剪发梳等），需要清理工具上的头发或冲洗造型工具。

15. 使用过的剃刀或削刀刀片需要放置于锐器盒中。

16. 在用完剪刀和剃刀后，应及时闭合。不能将剪刀和剃刀留在顾客面前的操作台上。用后要清理干净剪刀和剃刀上的碎发并消毒处理（包括电推剪以及雕刻剪等剪发工具）。

17. 废弃物需要及时处理，不得堆放在工具车上或其他区域内。

18. 避免过度使用产品导致顾客在充满产品喷雾的环境中产生不适感。

19. 顾客的围布要规范使用，注意区分正反面，围布不可从顾客面部前穿过。

20. 在使用化学产品等操作时，必须为顾客做好防护，染发时必须使用披肩，顾客发际线周围皮肤必须使用皮肤隔离霜（用棉签涂抹，涂抹宽度不超过2厘米）。

21. 对顾客进行染发、洗发等操作时，必须围上围裙，佩戴手套、口罩和护目镜等。

盘发造型

二、盘发造型作品欣赏

（一）omc大赛作品欣赏

▲ 晚妆

▲ 晚妆

晚妆

▲ 日妆

▲ 日妆

日妆

▲ 盛宴

▲ 盛宴

盛宴

附

▲ 新娘　　　　　　▲ 新娘

新娘

▲ 梦幻　　　　　　▲ 梦幻

梦幻

▲ 技术组　　　　　　▲ 技术组

技术组

盘发造型

（二）编者团队自创作品欣赏

 舞台

▲ 舞台

舞台

附

郑重声明

高等教育出版社依法对本书享有专有出版权。任何未经许可的复制、销售行为均违反《中华人民共和国著作权法》，其行为人将承担相应的民事责任和行政责任；构成犯罪的，将被依法追究刑事责任。为了维护市场秩序，保护读者的合法权益，避免读者误用盗版书造成不良后果，我社将配合行政执法部门和司法机关对违法犯罪的单位和个人进行严厉打击。社会各界人士如发现上述侵权行为，希望及时举报，我社将奖励举报有功人员。

反盗版举报电话　（010）58581999　58582371

反盗版举报邮箱　dd@hep.com.cn

通信地址　北京市西城区德外大街4号　高等教育出版社法律事务部

邮政编码　100120

读者意见反馈

为收集对教材的意见建议，进一步完善教材编写并做好服务工作，读者可将对本教材的意见建议通过如下渠道反馈至我社。

咨询电话　400-810-0598

反馈邮箱　zz_dzyj@pub.hep.cn

通信地址　北京市朝阳区惠新东街4号富盛大厦1座
　　　　　高等教育出版社总编辑办公室

邮政编码　100029

防伪查询说明

用户购书后刮开封底防伪涂层，使用手机微信等软件扫描二维码，会跳转至防伪查询网页，获得所购图书详细信息。

防伪客服电话

（010）58582300

学习卡账号使用说明

一、注册/登录

访问http://abook.hep.com.cn/sve，点击"注册"，在注册页面输入用户名、密码及常用的邮箱进行注册。已注册的用户直接输入用户名和密码登录即可进入"我的课程"页面。

二、课程绑定

点击"我的课程"页面右上方"绑定课程"，在"明码"框中正确输入教材封底防伪标签上的20位数字，点击"确定"完成课程绑定。

三、访问课程

在"正在学习"列表中选择已绑定的课程，点击"进入课程"即可浏览或下载与本书配套的课程资源。刚绑定的课程请在"申请学习"列表中选择相应课程并点击"进入课程"。

如有账号问题，请发邮件至：4a_admin_zz@pub.hep.cn。